FABULEUX
OISEAUX

FABULEUX OISEAUX

FRAGILES ET INSOLITES

*

ROGER LEDERER

Sélection
Reader's Digest
MONTRÉAL

Fabuleux Oiseaux. Fragiles et insolites
est la traduction de *Amazing Birds.
A Treasury of Facts and Trivia*, publié
en 2007, par Quarto Publishing plc
et pour la première fois par *A & C
Black Publishers*, 35 Soho Square,
London W1D 3HB

L'auteur, ROGER LEDERER,
professeur émérite à la California
State University, a enseigné pendant
plus de 30 ans la biologie,
l'ornithologie et l'écologie.

Sélection du Reader's Digest,
Reader's Digest et le pégase sont des
marques déposées de The Reader's
Digest Association, Inc., Pleasantville,
New York, États-Unis

Pour obtenir notre catalogue
ou des renseignements sur les autres
produits de Sélection du Reader's
Digest (24 heures du 24), composez
le 1-800-465-0780

**Équipe de Sélection du Reader's
Digest (Canada) SRI**
Vice-présidence Livres Robert Goyette
Rédaction Agnès Saint-Laurent
Direction artistique Andrée Payette

ISBN 978-0-88850-963-5

Imprimé et relié à Singapour par
Star Standard Industrial (PTE) LTD

Allez à la découverte
www.selection.ca

SOMMAIRE

Introduction

Voici quelques hauts faits et petits riens, anecdotes, drôleries et facéties, non sans une touche de folklore, véritable caverne d'Ali-Baba d'informations à découvrir sur nos amis à plume, parmi lesquelles beaucoup vous surprendront ou vous raviront. Du fonctionnement de l'ouïe d'un oiseau à l'histoire du plus fameux pigeon voyageur de la Première Guerre mondiale, vous allez découvrir le monde fascinant de nos compagnons sauvages les plus proches. Vous apprendrez comment les oiseaux peuvent migrer par-delà les étendues des océans, pourquoi la chouette est considérée comme sage, pourquoi certains oiseaux pondent un seul œuf et d'autres ont perdu la faculté de voler. Vous y trouverez des astuces pour apprendre à votre perroquet à parler, pour nourrir les oiseaux dans votre jardin et pour les observer. Vous saurez tout sur l'œuf le plus grand, l'oiseau le plus lourd, le plus rapide ou le plus petit. Des proverbes futiles aux faits les plus remarquables et aux conseils pratiques, tout ce que vous avez toujours voulu savoir sur les oiseaux est ici.

Pourquoi un tel livre ? Parce que les oiseaux nous sont familiers, mais en réalité nous ne les connaissons pas. Nous les reconnaissons car ils forment le groupe animal le plus homogène : tous ont des plumes et pondent des œufs, beaucoup chantent et la plupart volent. Il est difficile de ne pas voir d'oiseaux autour de sa maison, son bureau, son lieu de vacances.

Les oiseaux – créatures colorées, chantantes et pleines de vie – ont été observés et étudiés depuis des centaines d'années.

Depuis les gravures des tombeaux égyptiens à nos cartes de vœux, films et livres, les images des oiseaux sont partout. Chaque culture a son folklore sur leur comportement, les superstitions qui leur sont liées, les prévisions météo lues dans leurs attitudes... Et pour de très bonnes raisons, les oiseaux sont fascinants.

Ils entendent et voient bien mieux que nous, ont adapté leur aptitude au vol, ont spécialisé leurs pattes et leurs becs, migrent sur de longues distances, émettent des sons étonnants et se trouvent partout sur terre, excepté au milieu de l'Antarctique. Mais, aussi homogènes qu'ils paraissent, ils se sont diversifiés de manière extraordinaire, des manchots qui couvent leurs œufs sur le dessus de leurs pieds aux maléos qui ne couvent pas leurs œufs du tout, et de l'albatros géant au tout petit colibri. Ce livre répond à des énigmes : pourquoi certains oiseaux défèquent-ils sur leurs pattes, pourquoi font-ils bouffer leurs plumes, ou pourquoi les oisillons tombent-ils du nid ?

De nombreux livres sur les oiseaux sont publiés tous les ans, mais celui-ci est inhabituel dans son organisation. Il n'est pas structuré par thèmes ; il n'y a rien à lire d'un bout à l'autre. Au contraire, il invite à être feuilleté petit à petit, pour qu'on y picore au hasard des pages les centaines d'informations et d'illustrations, à lire et à savourer. Ouvrez-le n'importe où et laissez-vous surprendre par ce monde merveilleux que vous partagerez avec vos proches. Les guides de terrain, les livres et encyclopédies sur les oiseaux sont le plat principal de l'ornithologie ; ce livre en est le dessert.

🐦 Le premier oiseau

Bien que la chose soit disputée par les paléontologues, on considère que le premier oiseau est l'*Archeopteryx* ("aile ancienne"), qui vivait il y a 160 millions d'années. Il possédait de nombreuses caractéristiques des reptiles, mais était couvert de plumes, ce qui en fait un véritable "chaînon manquant" entre les deux groupes.

l'Archeopteryx

des fossiles d'oiseaux aussi complets que ce squelette de Messelornis, un échassier de 50 millions d'années, sont rares

JE TE VOIS, JE TE VOIS PAS

✿ **Pit** : les passereaux cachés dans les broussailles annoncent la présence d'un prédateur avec un "Pit" facilement localisable.

✿ **Siii** : à découvert, le cri d'alarme sera plutôt un "Siii", plus difficile à localiser du fait de sa fréquence plus élevée.

HARRY POTTER ET HEDWIGE

Malgré le caractère illégal de sa possession dans de nombreux pays, la chouette blanche Hedwige (harfang des neiges), star de la saga *Harry Potter*, a généré une soudaine demande pour de vraies chouettes. Heureusement, le World Owl Trust découragea avec succès cette mode en expliquant que les chouettes ne faisaient pas de bons animaux de compagnie.

un bon messager pour les sorciers mais pas un animal de compagnie

PLUS QUE LES PLUMES

En 1894 un chat appartenant au gardien du phare de Stephens Island, au large des côtes de Nouvelle Zélande, apporta à son maître plusieurs petits oiseaux morts qui se révélèrent être les derniers spécimens de xéniques de Stephen.

les derniers xéniques de Stephens ont été tués par un chat

A MOITIE ENDORMI

Les oiseaux pourraient bien dormir avec une moitié de cerveau endormi et l'autre éveillé, les hémisphères cérébraux dormant à tour de rôle. L'œil contrôlé par l'hémisphère endormi est fermé, tandis que l'œil de l'autre hémisphère est ouvert, guettant le danger. Ce demi-sommeil a seulement été observé chez les oiseaux et les mammifères marins.

LES GRÈBES

Il y a plus de vingt espèces de grèbes dans le monde. Cinq d'entre elles, dont le grèbe esclavon, le grèbe jougris et le grèbe à bec bigarré, nichent en Amérique du Nord. Le grèbe huppé est le plus grand de tous les grèbes. Comme les hérons et les aigrettes, il a été chassé pour ses plumes. Cette espèce menacée, qui a failli disparaître, est maintenant protégée.

le duvet du grèbe huppé a été employé autrefois comme fourrure

L'ECHO DU COIN

Un mythe scientifique bien établi prétend que le coin-coin du canard est le seul son qui ne produit pas d'écho. C'est une bêtise pour deux raisons :

1 Parmi toutes les variétés de canards, seuls quelques-uns produisent un son qui peut ressembler à un coin-coin.

2 Ne pas créer un écho dans des circonstances où d'autres sons le font, voilà qui défie les lois de la physique.

un coin-coin de canard FAIT un écho !

le geai des chênes stocke des milliers de glands chaque automne pour les manger en hiver

✈ Garde-manger

❀ Le geai des chênes peut stocker de 6 000 à 11 000 glands à l'automne, prévoyant qu'ils dureront jusqu'à l'année suivante.

❀ Les geais buissonniers peuvent retrouver les glands cachés grâce à l'orientation du soleil, même par temps nuageux.

❀ Les casse-noix mouchetés enterrent dans le sol quelque 70 000 à 100 000 graines à l'automne pour leur consommation d'hiver. Les oiseaux ont développé une poche sublinguale (sous la langue) dans laquelle ils portent jusqu'à quatre douzaines de graines en même temps, du lieu de collecte jusqu'à leur cachette. Même après une chute de neige, les oiseaux sont capables de localiser 50 % au moins des graines, apparemment en se souvenant de l'aspect des lieux.

LES MOINEAUX IMMIGRANTS

Dans les années 1850, plusieurs groupes et personnes isolées ont décidé d'introduire le moineau domestique (européen) aux États-Unis. Certains voulaient ainsi garder un souvenir de leur terre natale européenne ; d'autres cherchaient à contrôler les vers rongeurs de Central Park, à New York. En 1875 le moineau domestique avait atteint San Francisco, et à partir de 1887 certains états américains furent obligés d'établir des programmes de contrôle.

AMATEURS D'ART: DES EXPÉRIENCES ONT MONTRÉ QUE DES PIGEONS SONT CAPABLES DE FAIRE LA DIFFÉRENCE ENTRE LES PEINTURES DE MONET ET DE PICASSO. CE QUI PROUVERAIT QUE LES PIGEONS PEUVENT DISTINGUER LES COULEURS ET LES FORMES AUSSI BIEN QUE LES HUMAINS.

APPORTER DES CHOUETTES À ATHÈNES

La chouette chevêche, ou chevêche d'Athena, était si commune dans le sud de la Grèce, que l'expression "Apporter des chouettes à Athènes" signifiait faire quelque chose de vain.

🦜 Un étrange perroquet

❀ Le kakapo survit dans les montagnes de trois petites îles au large de la Nouvelle-Zélande ; on n'en compte qu'une cinquantaine d'individus.

❀ C'est le seul perroquet incapable de voler et aussi le plus lourd de tous les perroquets, pesant jusqu'à 3,5 kg.

❀ C'est un oiseau qui vit la nuit, pour se protéger des faucons et des aigles.

❀ Se nourrissant de feuilles, de bourgeons, de fleurs et d'autres matériaux végétaux, le kakapo laisse dans la végétation les mêmes laissées qu'un lapin.

LA CHANSON DU VIEUX MARIN

Ce poème, publié en 1798, donna lieu à l'expression anglaise "un albatros autour du cou" pour signifier "porter un lourd fardeau".
Une superstition de vieux marins disait que tuer un albatros jetterait un mauvais sort sur leur bateau. Le poème fut écrit par Samuel Taylor Coleridge, qui ne vit jamais un albatros.

illustration de l'édition de 1887 de la Chanson du Vieux Marin

SEPT PETITS TRUCS POUR IDENTIFIER LES OISEAUX

1 Observez l'oiseau d'abord à l'œil nu ; ensuite seulement utilisez des jumelles, qui ont un pouvoir grossissant mais un champ de vision réduit.

2 Observez l'oiseau aussi longtemps que possible avant d'ouvrir votre guide d'identification ; vous contrôlez le guide, pas l'oiseau…

3 Restez sur l'impression générale – taille, forme, comportement, situation. Par exemple un petit oiseau piquant le tronc d'un arbre laisse peu de choix possible.

4 La silhouette est importante car les couleurs ne sont pas toujours visibles et peuvent être trompeuses.

5 Le chant de l'oiseau, si vous l'entendez, est un plus. Il sera le seul moyen de l'identifier si vous ne le voyez pas.

6 Procurez-vous un bon guide de terrain adapté à la région et faites-vous une idée des oiseaux que vous pouvez vous attendre à trouver à cet endroit.

7 L'expérience la plus enrichissante est encore d'aller observer les oiseaux en compagnie d'un ornithologue expérimenté.

Élémentaire, mon cher Hoazin

✿ Les premiers oiseaux, il y a 150 millions d'années, avaient des griffes au bout des ailes ; aujourd'hui, le seul oiseau ayant des ailes à griffes est un oiseau de la taille d'un poulet, vivant dans le bassin amazonien du Brésil et du Pérou.

✿ Les oiseaux juste éclos ont deux griffes à chaque aile qui leur permettent d'escalader la végétation avant d'être capables de voler. S'ils sont menacés par un prédateur, ils plongent dans l'eau sous le couvert de la mangrove, puis grimpent à nouveau dans un arbre.

✿ Les hoazins sont strictement végétariens, et mangent les feuilles, les fleurs et les fruits de plantes variées. Les adultes font fermenter cette nourriture dans leur œsophage puis la régurgitent pour nourrir leurs petits.

EN SUPER FORME

Une des fonctions du plumage coloré des oiseaux mâles est de faire étalage de leur bonne santé à de potentielles partenaires femelles. L'éclat des couleurs est en effet signe de bonne santé, ce qui est plus important pour la femelle que la couleur elle-même.
Un mâle avec un plumage dépenaillé et terne pourrait avoir des parasites ou des maladies, ce qui l'élimine comme partenaire possible.

le paradisier mâle possède un plumage bien plus étonnant que celui de la femelle

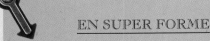

l'hirondelle noire femelle a un plumage plus clair

CLOUÉS AU SOL

Chez les canards, après l'accouplement, les femelles couvent et élèvent les petits pendant que les mâles se retirent dans un endroit isolé pour muer et acquérir un plumage "d'éclipse" rappelant, celui de la femelle. Plus tard ils reprendront leur plumage nuptial. Ils sont parmi les seuls oiseaux à perdre toutes leurs plumes en même temps, si bien que les mâles en mue sont incapables de voler.

le pluvier argenté aime tapoter la vase de la patte pour attirer les proies

🦅 Appel du pied

La plupart des espèces de pluviers et de vanneaux vibrent, tapent ou secouent leurs pieds sur le sol pour inciter les invertébrés, comme les vers ou les nématodes, à remonter à la surface.

L'HIRONDELLE NOIRE

✿ Bien que l'on n'en ait pas de preuve, on pense que l'hirondelle noire peut manger jusqu'à 2 000 moustiques par jour.

✿ Nicheurs solitaires par nature, construisant leurs nids dans les cavités laissées par les pics, les hirondelles noires nichent désormais souvent en colonies, dans des trous que leur procurent les humains sous forme de "colocations" – maisons à plusieurs loges disponibles en différentes tailles pour colonies de différentes tailles.

✿ Les vrais oiseaux coloniaux reconnaissent leurs petits parmi tous ceux de la colonie, ce que l'hirondelle noire est incapable de faire. Elle doit apprendre à reconnaître sa propre cavité dans la maison commune.

UNE VUE DE PLUVIER

Les pluviers, qui se nourrissent de nuit comme de jour, doivent être capables de voir en lumière très faible. Cela est rendu possible par une plus haute concentration de cellules sensibles sur la rétine que chez les autres échassiers. En outre, le lobe oculaire des pluviers est presque deux fois plus grand que celui des bécasseaux car les pluviers repèrent leur nourriture de vue, tandis que les bécasseaux se servent de l'extrémité sensible de leur bec.

DES BACTÉRIES MANGEUSES DE PLUMES

Les plumes muées ou celles d'un oiseau mort se décomposent rapidement grâce à des bactéries présentes dans le sol. On trouve aussi ces bactéries sur des oiseaux vivants sans qu'elles soient la cause d'une décomposition. Cela est dû à la sécrétion huileuse de la glande uropygienne, aux propriétés antibiotiques, ou à l'exposition aux rayons UV.

La plupart des oiseaux évitent le piment, sauf le moqueur à bec courbe

CERTAINS L'AIMENT CHAUD

Le moqueur à bec courbe mange les fruits des plants de piment, que la plupart des oiseaux et des mammifères évitent. L'oiseau digère les fruits en un transit de 20 minutes, et dépose ainsi les graines en un autre lieu, où elles germeront l'année d'après.

RUSÉ TANGARA

Le tangara versicolore d'Amérique du Sud se comporte comme un guetteur pour les membres de son groupe et lance un cri d'alarme en cas de danger. D'autres espèces se fient à lui, mais il arrive que cette sentinelle lance une fausse alarme quand le tangara et un autre oiseau repèrent le même insecte ; la fausse alarme détourne l'autre oiseau et c'est le tangara qui récupère le bon morceau.

NOMS DE CODE

Lors de la Seconde Guerre mondiale, les planeurs japonais étaient appelés avec des noms d'oiseaux.

DITES-LE AVEC DES NOMS D'OISEAUX

Un appétit de moineau.

Pousser des cris d'orfraie.

La tournée des grands-ducs.

Triple buse !

Une tête de linotte.

De la roupie de sansonnet.

Un vilain petit canard.

un sarcoramphe roi

Les vautours sentent-ils ?

❀ **Oui** : Certaines espèces, comme l'urubu noir, le sarcoramphe roi, l'urubu à tête rouge et les condors, parents des cigognes et des ibis, ont la faculté de sentir. Des urubus ont été utilisés par des sociétés gazières pour détecter des fuites. Lorsqu'une fissure apparaît dans un gazoduc transportant de l'éthyl mercaptan, un gaz qui se dégage des charognes, on peut voir des urubus volant en cercle au-dessus.

❀ **Non** : les vautours d'Afrique et d'Asie, parents des faucons et des aigles, ont apparemment un odorat faible ou inexistant.

le pygargue à tête blanche est l'emblème des États-Unis depuis 1782

MONDIALISATION

Les pics sont présents partout dans le monde sauf à Madagascar et sur le continent australien.

Le symbole US

✿ L'aigle pygargue à tête blanche a été choisi comme symbole des États-Unis en 1782, bien que Benjamin Franklin lui préférât le dindon sauvage.

✿ Un pygargue du nom de Old Abe fut acheté à des Indiens Chippewa par le VIIIe Régiment d'Infanterie des Volontaires du Wisconsin pour 5 $ pendant la guerre de Sécession. Old Abe fut la mascotte de l'armée de l'Union, notamment pendant le siège de Vicksburg en 1863. Après la guerre, Abe aida à lever des fonds pour des associations caritatives de vétérans.

✿ Un autre pygargue à tête blanche, Challenger, fut dressé pour voler au-dessus des stades pendant qu'on jouait l'hymne national lors des tournois de baseball, de football américain (le Super Bowl) ou de baskett. On lui fit montrer ses talents jusqu'à la Maison Blanche.

DEBOUT SUR LES FREINS

Volant à 40-65 km/h, les oiseaux doivent ralentir avant de se poser. Voyons de quels freins ils disposent.

✿ Ils déploient leurs ailes.

✿ Ils abaissent leur queue.

✿ Les oiseaux d'eaux et les oiseaux marins déploient leurs pieds palmés devant eux.

✿ Les pics, qui se posent sur le flanc des troncs d'arbre, ralentissent leur vitesse de vol en se redressant, puis agrippent le tronc quand leur vitesse le permet.

LES APÔTRES AUSTRALIENS

Oiseaux d'Australie, les apôtres gris vivent en groupes de 10 à 12 comprenant un mâle, plusieurs femelles et des oisillons. C'est un groupe communautaire qui construit un seul nid et nourrit la nichée. Ils sont souvent vus en groupe de 12, d'où leur nom.

LE CYGNE MUET N'EST PAS MUET

Le cygne tuberculé, ou cygne muet, a une voix, mais il ne l'utilise pas pendant le vol. En fait, c'est le bruit de ses plumes qui lui permet de communiquer avec ses congénères.

Le comptage de Noël

✿ À la fin du XIXᵉ siècle, en Amérique du Nord, la tradition voulait que les hommes se rassemblent à Noël pour voir qui tuerait le plus d'oiseaux et de mammifères. C'est contre ce genre de traditions et d'autres pressions sur les populations d'oiseaux sauvages que l'ornithologue américain Frank Chapman, de la société Audubon, récemment fondée et engagée dans la protection des oiseaux et de leur habitat, proposa une tout autre tradition de Noël : compter les oiseaux au lieu de les tirer.

✿ Le premier comptage de Noël en 1900 vit 27 compteurs pointer un total de 90 espèces d'oiseaux. Ces comptages se poursuivent depuis plus d'un siècle, produisant la plus grande base de données ornithologique.

✿ Cette activité s'est maintenant développée sur tout le continent américain, avec plus de 50 000 observateurs participant au recensement hivernal des populations.

le Osprey de Bell-Boeing

DES AVIONS AUX NOMS D'OISEAUX

Bell-Boeing *Osprey* (balbuzard pêcheur)
Gloster *Gannet* (fou de Bassan)
Fairey *Fulmar* et *Gannet* (fou de Bassan)
Schweizer *Condor*
Lockheed *Hummingbird* (colibri)

suite de la liste page 18

procurez-vous des jumelles et devenez observateur

Le grand jardin des oiseaux

En Grande-Bretagne, où l'ornithologie est une passion extrêmement populaire, on a décompté 470 000 personnes, dont 86 000 enfants, ayant participé à un récent comptage d'oiseaux. L'oiseau le plus commun des 80 espèces et des 8 millions d'oiseaux observés fut le moineau domestique. Depuis 1999, le gouvernement britannique considère le niveau des populations d'oiseaux sauvages comme un indicateur de la qualité de la vie dans le pays.

LA REPRODUCTION DES OISEAUX À LA LOUPE

Dans tous les pays du monde, des sociétés ornithologiques étudient l'état et les tendances des populations d'oiseaux nicheurs, effectuant des inventaires et le suivi des espèces particulièrement menacées. Les oiseaux sont observés et des données collectées par des milliers de bénévoles qui compilent les observations sur plus de 400 espèces. Par exemple, au Canada, le Centre national de la recherche faunique du Service canadien de la faune a instauré des mécanismes de protection des espèces menacées. Le Regroupement QuébecOiseaux veille, quant à lui, à la protection des oiseaux et de leurs habitats.

le fou à pieds bleus révèle son âge par ses pieds

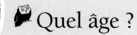

Quel âge ?

Il est difficile d'estimer l'âge d'un oiseau, mais voici deux méthodes possibles.

Méthode 1 : on obtient une indication grossière de l'âge d'un jeune oiseau en soufflant sur les plumes du crâne pour rechercher des zones plus sombres. Ce sont des zones où le crâne n'est pas encore totalement formé (comme un crâne de bébé). On peut alors donner à l'oiseau un âge de quelques mois à un an.

Méthode 2 : une nouvelle technique mesure le niveau d'un marqueur biologique, la pentosidine, dans la peau ou la palme de l'oiseau. Cette substance s'accumule dans les tissus avec l'âge.

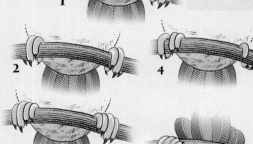

une barge rousse, alias Limosa lapponica

LES NOMS SCIENTIFIQUES

❖ Le nom scientifique d'un oiseau comprend deux parties : le genre et l'espèce.

❖ On utilise une capitale pour le genre, et pas pour l'espèce.

❖ Tous deux sont écrits en italiques ou soulignés – par exemple la bernache du Canada est *Branta canadensis* et le martinet noir est *Apus apus*.

❖ Même lorsque le nom de l'espèce est donné par un nom propre, celui-ci ne prend pas de capitale : le faucon de Cuvier est *Falco cuvieri*.

❖ Bien que parfois issus de noms latins, les noms scientifiques sont aussi dérivés du grec, du russe, de l'anglais ancien et d'autres langues.

1

2

4

3

5

DES DOIGTS D'ACIER

Les colious d'Afrique du Sud ont une structure de doigts très particulière :

1 Ils peuvent avoir trois doigts devant et un derrière.
2 Deux doigts devant et deux derrière.
3 Tous les doigts devant.
4 La position des doigts de chaque patte peut être différente.
5 Ils peuvent se suspendre à une branche pour se nourrir ou pour dormir.

des avions aux noms d'oiseaux – suite de la liste de la page 17

Dassault aviation *Falcon* (faucon)
Hawker-Siddeley *Kestrel* (faucon crécerelle)
McDonnell Douglas *Harrier* (busard)
DeHaviland *Albatross* (albatros)
Curtis *Eagle* (aigle)
Sikorsky *Eagle* (aigle)
Howard *Nightingale* (rossignol)
LWF *Owl* (chouette)
Kellett Hughes *Flying Crane* (grue)
Cessna *Skyhawk* (faucon)
Curtis *Wright Kingbird* (tyran)
Curtis *Falcon* (faucon), *Raven* (corbeau)
Bell Helo *Blackbird* (merle noir)
Lockheed *Blackbird* (merle noir)
Ryan *Seagull* (mouette)
Northrop *Bantam* (poulet)
GM *Turkey* (dindon)

La bernache nonnette *est-ce une oie ou une bernache ?*

Une oie du Grand Nord, la bernache nonnette, fut nommée ainsi car les premiers observateurs pensaient que ces oies éclosaient dans des bernaches. Ces mollusques ancrés aux rochers dans la zone de marée filtrent leur nourriture avec des appendices ressemblant à des plumes flottant dans l'eau, faisant penser à des oisillons sortant de l'œuf.

DOUBLE SERVICE

Les balisiers de certaines îles des Caraïbes poussent sous deux formes : une rouge et une verte ou jaune-vert. Ils ont aussi des formes différentes qui s'adaptent aux becs des colibris madères.
❖ Le bec du mâle est adapté aux fleurs rouges, plus courtes.
❖ Le bec de la femelle, 30 % plus long, s'adapte aux fleurs vertes. La pollinisation des deux espèces est donc assurée.

HAUTS ET BAS

On distingue deux groupes principaux de canards : les barboteurs et les plongeurs.
✿ Les barboteurs flottent à la surface de l'eau et soulèvent l'arrière du corps pour plonger leur bec dans l'eau et manger plantes et animaux peu profonds.
✿ Les plongeurs… plongent, sous la surface, en eau plus profonde.

DDT

Le DDT, pesticide interdit dans les pays développés mais toujours utilisé dans les pays où la malaria reste un problème de santé majeur, s'accumule dans la chaîne alimentaire, et a un effet toxique sur de nombreux oiseaux. On constate des malformations du cerveau, des coquilles d'œuf plus fines et des problèmes neurologiques. Pygargues, faucons pèlerins et pélicans bruns ont été les exemples les plus tristement fameux d'oiseaux ayant vu leur population décliner à cause du DDT. La conséquence de l'amincissement des coquilles d'œuf est que les parents peuvent casser les œufs en les couvant.

un pélican brun dessiné par Audubon

Aptosochromatisme

Jusque dans les années 1900, on a cru que les oiseaux muaient une fois par an et que le changement de la couleur du plumage était dû à la faculté des plumes de changer de couleur, un phénomène appelé aptosochromatisme. En réalité, les plumes sont des structures inertes et, une fois formées, elles ne peuvent changer de couleur. C'est la mue – la perte des anciennes plumes et l'apparition de nouvelles – qui produit le changement de couleurs. Chez certaines espèces, le plumage peut changer de couleur avec la longueur des plumes : des plumes plus courtes laissent apparaître la couleur de celles du dessous. Par exemple, l'étourneau passe d'un noir brillant à un plumage blanc moucheté lorsque les plumes noires raccourcissent et que les taches blanches des plumes du dessous apparaissent.

les plumes n'ont pas la faculté de changer de couleur

LES ESPÈCES LES PLUS RARES

Il est difficile de dire exactement quelles espèces sont les plus rares car les oiseaux rares sont difficiles à trouver et à compter.

❖ **L'ara de Spix** du Brésil – le dernier individu sauvage connu a disparu en 2000 ; menacée d'extinction, la population restante est sans doute minuscule (un petit nombre survit en captivité).

❖ **Les tinamous** de **Magdalena** et de **Kalinowski** d'Amérique du Sud – pas d'observation récente.

❖ **Le sporophile de l'Araguaïa** du Brésil – moins de 50 oiseaux survivent.

❖ **L'albatros d'Amsterdam** du grand Sud de l'océan Indien – environ 90 oiseaux.

❖ **La nette à cou rose** d'Inde et du Népal – plus observée depuis 1949.

❖ **Le milan de Cuba** – population extrêmement restreinte.

suite de la liste page 22

PETITS ET GRANDS HIBOUX

❀ Le plus petit hibou du monde, de la taille d'un moineau, est la chevêchette des saguaros, dans l'Ouest américain, qui mesure 13 à 14 cm et pèse seulement 40 g.

❀ Le grand-duc d'Europe est le plus grand des hiboux, il mesure de 58 à 71 cm et pèse jusqu'à 4 kg.

DRÔLES DE COLOCATAIRES

❀ Dix pour cent des espèces de perroquets choisissent une termitière pour y installer leur nid. D'abord dérangés, les termites finissent par s'adapter et par isoler le nid de l'intrus du reste de la termitière.

❀ Le cassique cul-jaune, de la famille des étourneaux, niche dans le bassin amazonien. Il a un nid en forme de sac suspendu aux arbres et niche en colonies au milieu des nids de guêpes. On a montré que l'avantage de nicher près des guêpes est que celles-ci éloignent les taons ; sinon, les taons pourraient pondre leurs œufs sur les jeunes oiseaux, et les larves s'en nourriraient.

❀ L'autour sombre d'Afrique camoufle son nid grâce à des toiles d'araignées sociales.

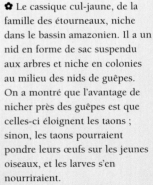

le cassique cul-jaune niche près des guêpes

le martinet ramoneur

TOUT EST RELATIF

Bien que les grands oiseaux pondent des œufs plus grands que ceux des petits oiseaux, ces derniers ont des œufs et des couvées proportionnellement plus grands.

✿ Soixante œufs d'autruche égalent le poids d'une autruche adulte, mais il suffit d'environ neuf œufs de colibri pour peser autant que le colibri lui-même.

✿ À peu près de la taille d'un poulet, les kiwis pondent les plus grands œufs relativement à leur taille ; il faut seulement quatre œufs de kiwi pour égaler le poids du kiwi adulte.

✿ Le cygne muet pond des œufs qui pèsent 4 % du poids de son corps et la couvée entière n'en représente que 23 %. La mésange bleue, quant à elle – $^{1}/_{900^e}$ du poids d'un cygne – pond des œufs qui pèsent 12 % de son corps, tandis que la couvée représente 130 % du poids du corps.

AU REVOIR ET MERCI

On disait des martinets ramoneurs, qui nichent dans les cheminées, qu'ils jetaient un jeune martinet au bas de la cheminée dans un geste de remerciement avant de quitter les lieux.

LE CHANT DU RÂLE DES GENÊTS

Le chant du râle des genêts, un cousin du râle d'eau, peut être imité en raclant une carte de crédit sur les dents d'un peigne.

VISA

60 œufs d'autruche font le poids d'une autruche adulte

les plumettes servaient à peindre des décors sur les bicyclettes

PLUMETTES DE BÉCASSES

La petite plume à la base de la première rémige primaire de chaque aile est appelée plumette. Les plumettes de la bécasse des bois et de la bécassine d'Asie ont longtemps été recherchées par de nombreux artistes de "peinture à la plume".

❖ Elles étaient très prisées des peintres d'aquarelle.

❖ Elles étaient utilisées pour tracer la bande à l'or sur le côté des Rolls-Royce.

❖ Les plumettes étaient aussi utilisées pour peindre des décors sur les cadres des bicyclettes.

❖ On les employait pour peindre des camées sur ivoire.

❖ On peignait avec elles les détails des petits soldats de plomb.

OISEAUX RENIFLEURS

1 Le pétrel des neiges possède le plus gros bulbe olfactif (la terminaison des nerfs olfactifs) relativement à la taille du cerveau. Cet oiseau se nourrit de carcasses de phoques, de baleines et autres charognes de l'Antarctique.

2 Le second plus haut ratio de bulbe olfactif relativement au cerveau appartient au kiwi, qui se nourrit essentiellement de vers de terre.

le kiwi a des narines à l'extrémité de son bec et un odorat très développé

espèces rares – suite de la page 20

espèces rares – suite de la page 20

❖ **Le condor de Californie** – 50 individus à l'état sauvage, 97 en captivité.

❖ **La colombe de Grenade** – peut-être 100 individus.

❖ **La gallicolombe des Salomon** des îles Salomon – moins de 50 survivants.

❖ **Le strigops kakapo** d'Australie – moins de 50 survivants.

❖ **Le calao des Sulu** des Philippines – moins de 40.

❖ **Le monarque de Tahiti** en Polynésie française – seuls 18 individus survivent.

❖ **Le tohi grisonnant** d'Équateur – 10 à 32 subsistent.

❖ **La paruline de Bachman** d'Amérique – dernière observation en 1988.

❖ **L'étourneau de Rothschild** de Bali, Indonésie – plus aucun à l'état sauvage, mais beaucoup en captivité.

BULLETIN MÉTÉO NON GARANTI

❖ Les oiseaux volent bas à l'approche du mauvais temps.

❖ Les oiseaux ne volent pas du tout par mauvais temps.

❖ Les oiseaux crient plus que d'habitude lorsqu'une dépression approche.

LE SAVIEZ-VOUS: LE COMBATTANT VARIÉ A DE PLUS GROS TESTICULES QUE TOUS LES AUTRES LIMICOLES. À LA SAISON DES AMOURS, CEUX-CI REPRÉSENTENT 5 % DE SON POIDS – PLUS LOURD QUE SON CERVEAU.

beaucoup de compositeurs ont été inspirés par les oiseaux

Beaucoup d'oiseaux insectivores ont des plumes plus foncées devant les yeux, ce qui réduit leur éclat et leur permet de capturer plus facilement des insectes.

Inspiration musicale

✿ *Sumer is icumen in* est un madrigal anglais du XIIIe siècle dans lequel le coucou est imité ainsi : "Cuccu cuccu, wel singes thu cuccu".

✿ Vivaldi intitula un concerto de flûte *Il Gardellino* (le chardonneret), après avoir été inspiré par l'oiseau.

✿ *Le ballet des poussins dans leurs coquilles*, du compositeur russe Moussorgsky, décrit l'éclosion des poussins.

FAIRE DES LISTES

Une des marottes des ornithologues est de faire des listes des oiseaux observés. La plus courante est la "life list" – le nombre des différentes espèces qu'on a pu voir dans sa vie. Mais il y en a plein d'autres – listes journalière, annuelle, par région, par ville. Et aussi la liste à la télé, au zoo, au cinéma, etc. Voilà qui satisfait la passion de la collection… sans dommage à l'environnement.

Sac au dos

le grèbe élégant

Les grèbes ont deux ou trois petits qui éclosent dans un nid flottant. Si les poussins ont froid, ils appellent leurs parents pour être couvés. Lorsque tous sont éclos, les jeunes abandonnent le nid et grimpent sur le dos d'un adulte, qui les transporte ici et là. Lorsque le partenaire arrive avec de la nourriture, le porteur met les poussins à l'eau et les nourrit alors qu'ils nagent. Les grèbes adultes vont plonger pour échapper à un danger, même s'ils ont les poussins sur le dos.

mais non je ne suis pas paresseux, j'aime juste qu'on m'emmène faire un tour

OISEAUX NOMMÉS D'APRÈS DES PERSONNES

Tohi d'ABERT

Martinet de VAUX

Cormoran de BRANDT

Eider et geai de STELLER

Roselin et aigle de CASSIN

Bruant et bécasseau de BAIRD

Viréo de HUTTON

Moucherolle de HAMMOND

Oie de ROSS

Goéland de THAYER

Toucan et moineau de SWAINSON

Colibri de COSTA

Pic de NUTTALL

Pic de LEWIS

Mouette de FRANKLIN

Puffin d'AUDUBON

Pic de WILLIAMSON

Bruant de LINCOLN

Bruant de LE CONTE

Bruant de BOTTERI

Guillemot de KITTLITZ

suite de la liste page 26

PRÉCAUTIONS POUR UNE MANGEOIRE

Pour éviter des collisions fatales avec une vitre d'oiseaux approchant une mangeoire :

1 Penchez la vitre vers le bas de 20 à 40 °.

2 Utilisez du verre teinté.

3 Placez un écran ou un filet devant la vitre.

4 Placez un objet opaque de 5 à 10 cm devant la vitre.

5 Placez la mangeoire moins de 2 m ou plus de 10 m devant la vitre.

6 Pulvérisez sur la vitre une huile végétale ou de la neige artificielle pour la rendre visible.

N'installez pas une mangeoire près d'une fenêtre

MANCHOTS VOLANTS

Les manchots nagent avec leurs ailes, pas avec leurs pieds palmés. On croirait qu'ils volent sous l'eau.

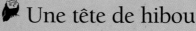 ## Une tête de hibou

❁ Le cercle de plumes formé autour de l'œil, appelé disque facial, est l'élément le plus caractéristique de l'oiseau.

❁ L'absence de relief du disque et la structure des plumes servent à renforcer l'ouïe, en canalisant le son jusqu'aux oreilles. Les oreilles sont asymétriques en forme et en position pour aider à déterminer l'origine des sons.

❁ Les rapaces diurnes (ceux actifs le jour) n'ont pas développé de disque facial parce qu'ils ne se fient pas à leur ouïe pour localiser leurs proies comme le font les rapaces nocturnes.

le disque facial des rapaces renforce leur ouïe

les roselins familiers sont granivores

une volée d'oies des neiges

GRANIVORES

Les passereaux ne pincent pas seulement les graines pour les ouvrir. La mandibule inférieure est actionnée d'avant en arrière, puis d'un côté à l'autre, jusqu'à ce que l'enveloppe de la graine s'ouvre.

COMPTAGE D'OISEAUX

Des études ont montré que les observateurs sous-estimaient en général d'environ 50% le nombre d'oiseaux présents dans une volée.

CRIS D'ALARME

Beaucoup d'oiseaux signalent à leurs congénères ou à d'autres oiseaux de leur volée la présence de prédateurs par des cris qui varient en intensité, fréquence et qualité, transmettant ainsi des informations sur la distance et la dangerosité du prédateur. Par exemple, les hirondelles ont un cri d'alarme particulier lorsqu'elles aperçoivent un faucon hobereau (cet oiseau de proie attaque souvent les hirondelles). Il peut aussi y avoir des différences dans les cris d'alarme selon que le prédateur est terrestre ou non.

Le flamant rose

✿ Les flamants doivent leur éclatante coloration rose à des pigments appelés caroténoïdes, présents dans leur régime d'algues et d'invertébrés, comme des petites crevettes et des diatomées.

✿ Dans les zoos, leur régime doit être complété par dès dérivés de la carotte pour maintenir leur couleur. Sans quoi ils deviendraient... blancs !

✿ Dans les légendes, les flamants sont les oiseaux qui renaissent de leurs cendres – le mythique oiseau de feu appelé phénix – d'où le rose pourpre de leurs ailes.

✿ Après-guerre, on vit apparaître des décors en plastique pour le gazon. On trouvait chiens, canards, grenouilles et… flamants roses. Avec le développement des pavillons de banlieue, ces flamants en plastique se répandirent un peu partout. Dans les années 70, ils devinrent le symbole du mauvais goût et de l'anti-environnementalisme, ce qui n'empêcha pas certains de continuer à ennuyer leurs voisins avec ces oiseaux artificiels.

Dans Alice au Pays des Merveilles, les flamants roses étaient utilisés comme maillets de jeu de croquet

les mouettes, oiseaux du monde

Pirates

Certains oiseaux carnivores, plutôt que de rechercher et capturer eux-mêmes leurs proies, se livrent à de la piraterie en volant les proies d'autres espèces. C'est une tactique efficace, si l'on en croit les scientifiques : ces tentatives de piraterie réussissent dans 82 % des cas, alors que chasser par soi-même réussit dans 38 % des cas seulement.

LES MOUETTES SONT UBIQUISTES

On trouve des mouettes partout dans le monde, sur tous les continents, même en Arctique, en Antarctique, et jusqu'à une altitude de 5 000 m dans les Andes.

oiseaux nommés d'après des personnes
suite de la page 24

Guillemot de XANTUS

Pétrel de COOK

Océanite et pluvier de WILSON

Troglodyte de BEWICK

Bruant de HENSLOW

Engoulevent de BONAPARTE

Aigle de BONELLI

Goéland de HEERMANN

Microgoura de CHOISEUL

Attagis de MAGELLAN

Grand-duc de SHELLEY

Martinet de BERLIOZ

Colibri de BUFFON

l'exceptionnelle vue de l'aigle lui permet de suivre des proies rapides

Accommodation visuelle

Lorsqu'un oiseau se déplace ou que des objets se déplacent devant lui, ses yeux doivent s'adapter à la distance changeante. Grâce au processus appelé accommodation, de petits muscles agissent sur le cristallin de l'œil pour changer sa focale. Chez les prédateurs comme les faucons et les hiboux, la faculté d'accommodation est exceptionnelle, ce qui leur permet de suivre des proies rapides.

j'ai un super plan d'évasion

CASSER LES ŒUFS

Le "diamant" est une petite excroissance cornée sur le bec des oiseaux (et aussi chez les reptiles) qui aide le poussin à briser la coquille lors de l'éclosion. Les poussins ont également un muscle sur la nuque qui leur donne la force nécessaire pour percer l'œuf. Le diamant et le muscle du cou s'atrophient quelque temps après l'éclosion.

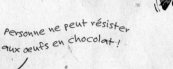

PAS DEUX PAREILS : LA MARQUE JAUNE SUR LE BEC NOIR DU CYGNE SIFFLEUR EST DIFFÉRENTE POUR CHAQUE OISEAU. CECI PERMET SANS DOUTE À CHAQUE INDIVIDU DE RECONNAÎTRE LES AUTRES.

Personne ne peut résister aux œufs en chocolat !

VOUS AVEZ TROUVÉ UN ŒUF ?

La meilleure chose à faire avec un œuf trouvé hors du nid est de le laisser en place. Cela peut être un œuf enlevé par un prédateur ou retiré du nid par les parents considérant qu'il n'était pas viable. Quelle qu'en soit la raison, il est vraisemblable que l'œuf ne pourra éclore car il aura été endommagé pendant son déplacement.

La chasse au canard

Au début du XXe siècle, on faisait des carnages de gibier d'eau dans les marais. Certains fusils étaient si grands qu'ils devaient être fixés au bateau ; ils pouvaient tuer des douzaines d'oiseaux en un seul tir. Les tirs entièrement automatiques devinrent populaires à cette époque. Les populations de canards furent sévèrement touchées. Aujourd'hui existent de nombreuses réserves pour les oiseaux aquatiques, et la saison de chasse est limitée. En outre, certains chasseurs font partie d'organisations qui militent pour la protection du gibier d'eau.

PETITS ET GRANDS

Le plus petit oiseau du monde est le colibri d'Helen, de Cuba. Il faudrait 100 000 colibris d'Helen ensemble pour obtenir le poids de l'oiseau le plus gros du monde, l'autruche.

laissez les œufs dans leur nid

Le premier livre

Le premier texte d'ornithologie, *De Arte Venandi cum Avibus* (*L'art de la fauconnerie*), fut établi en 1248 par le roi germanique Frederick II von Hohenstaufen.

Près de 1 000 livres évoquant les oiseaux sont publiés chaque année

un canari utilisé pour détecter le gaz dans une mine de charbon en 1920

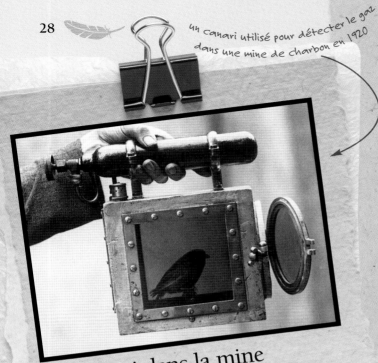

Un canari dans la mine

Des canaris en cage ont été utilisés au début du XXᵉ siècle comme détecteurs de monoxyde de carbone, auquel ils sont particulièrement sensibles. Un canari malade ou mort donnait l'alerte. Aujourd'hui des équipements sophistiqués ont remplacé les canaris, mais l'expression "Un canari dans la mine" désigne toujours un signal d'alarme.

le Crow & Gate (le corbeau et la porte), l'un des 3 000 pubs britanniques nommés d'après un oiseau

NOMS DE LIEUX

Dans tous les pays du monde, d'innombrables lieux (forêts, lacs, sommets, routes, maisons, hameaux, auberges et hôtels...) ont été nommés en référence à des oiseaux.

Charrington

Crow & Gate

oiseaux nommés d'après des personnes
suite de la page 26

Bouscarle de CETTI

Marouette de BAILLON

Cincle de PALLAS

Faucon d'ELÉONORE

Colombe de VERREAUX

Martinet de SABINE

Rollier de TEMMINCK

Sittelle de KRÜPER

Chouette de TENGMALM

Pétrel de BOURBON

Pétrel de KERGUELEN

Pigeon de BOLLE

Pipit de BERTHELOT

Roselin et pipit de BLYTH

Guillemot de KITTLITZ

Ganga de LICHTENSTEIN

Rougequeue de GÜLDENSTÄDT

Pigeon d'EVERSMANN

Témia de SWINHOE

Cygne de BEWICK

Vautour de RÜPPELL

Pouillot de BONELLI

Serin de REICHENOW

Huppe de STEFANIAK

Gélinotte de SEVERTZOV

Perdrix de PRZEWALSKI

Francolin de LEVAILLANT

Faisan de BULWER

Râle de LEVRAUD

Outarde de VIGORS

Sterne de TRUDEAU

COMBIEN D'OISEAUX ?

Les scientifiques estiment qu'il y a entre 100 et 200 milliards d'oiseaux adultes vivants sur la planète aujourd'hui.

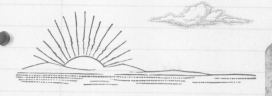

ENGOULEVENTS

Un intéressant groupe d'oiseaux est celui appelé engoulevents. Il comprend des oiseaux comme l'engoulevent d'Europe, du désert, à collier roux, ou encore bois pourri. Une croyance paysanne voulait que les engoulevents s'accrochaient aux tétines des chèvres et en tétaient tout le lait pendant la nuit. Leur habitude de voler au crépuscule et juste avant le lever du jour ajoutait à leur réputation mystérieuse.

Les oiseaux peuvent-ils prévoir le temps ?

On dit que les oiseaux restent davantage perchés avant une tempête. Cela n'est pas faux car il faut plus d'énergie pour voler dans un air à basse pression, caractéristique du mauvais temps, que dans un air à haute pression, si bien que les oiseaux peuvent préférer s'abstenir de voler. Ceci étant, il tombe sous le sens que la vieille coutume campagnarde qui consistait à suspendre un oiseau au bout d'un fil pour voir de quel côté il va flotter afin de prédire le vent n'est pas scientifiquement fondée…

LE ROUGE EST MIS

❖ Le cardinal rouge mâle voit l'intensité de son rouge varier. Les mâles les plus rouges finissent par obtenir et garder de meilleurs territoires, ils attirent plus de femelles fécondes et ont plus de petits chaque année.

❖ La carouge à épaulettes a des épaules rouges. Le mâle déploie ses plumes colorées en poussant son cri caractéristique (*konk-la-rî-rî-r*) pour établir son territoire et le défendre contre les autres mâles. On a fait l'expérience de peindre en noir les épaulettes de quelques carouges. Les mâles peints en noir se montrèrent incapables de défendre leur territoire face à ceux aux épaulettes rouges.

❖ Parmi les fleurs pollinisées par les oiseaux, plus de 80 % sont rouges ou orange. Bien que les insectes puissent voir des fleurs rouges, ils ne peuvent voir le rouge aussi bien que les oiseaux. C'est pourquoi les oiseaux butineurs préfèrent les fleurs rouges, et les insectes les fleurs bleues.

❖ Le moucherolle royal d'Amérique centrale porte une grande huppe rouge sur la tête qu'il peut dresser et tourner de côté. Cet appareillage de plumes fonctionne comme un antiprédateur.

les mâles cardinal rouges vifs réussissent mieux que leurs congénères plus pâles

dans le mauvais temps, les oiseaux sont désorientés par les lumières des tours de télécommunications ; beaucoup percutent ces tours

TIRER LA LANGUE

Comme celle des pics, la langue des colibris est rattachée à un long os hyoïde (ou os lingual), qui s'enroule autour du crâne et permet une grande extension de la langue hors du bec. L'extrémité de la langue est frangée, un peu à la manière d'une serpillère. Quand le colibri plonge sa langue dans le nectar d'une fleur, le liquide est "épongé" par ces franges, par capillarité. Lorsque la langue est rentrée dans le bec, le nectar est alors essoré.

Une catastrophe dans le brouillard

Dans la nuit du 22 janvier 1998, au moins 5 000 et peut-être jusqu'à 10 000 oiseaux périrent dans l'ouest du Kansas. Un brouillard très dense s'était formé cette nuit-là et la signalisation lumineuse pour le trafic aérien, placée à 120 m de hauteur au sommet d'une tour de radio, réfléchie par le brouillard, désorienta les oiseaux migrateurs. Tournant sans cesse autour de ces lumières, les oiseaux heurtèrent la tour et les câbles la soutenant. Certains oiseaux percutèrent le sol à pleine vitesse et vinrent s'empaler sur les chaumes des blés, ce qui indique qu'ils étaient tellement désorientés qu'ils ne pouvaient plus distinguer le haut du bas.

JUSTE UN PEU DÉGARNI

Il n'est pas rare de voir des oiseaux chauves ; les plumes de la tête peuvent tomber à cause de parasites, de malnutrition ou de maladie. Cette situation est presque toujours temporaire.

rémiges primaires

le bout de l'aile décrit une figure en forme de huit

ce mouvement produit une poussée

➤ Comment volent-ils ?

❖ Les plumes les plus externes, appelées rémiges primaires, battent d'avant en arrière en effectuant une figure en huit, agissant comme une hélice qui produit une poussée.

❖ Les plumes internes, ou rémiges secondaires, produisent une poussée verticale, alors que le corps de l'oiseau est propulsé vers l'avant.

❖ Les oiseaux aux ailes plus petites et plus courtes battent plus vite pour créer la vitesse qui les soutiendra en l'air. Les oiseaux aux grandes ailes battent plus lentement car les ailes produisent plus de portance.

❖ Les grands oiseaux volent plus vite que les petits car la vitesse est nécessaire pour créer la poussée verticale qui portera leur corps.

POUR FAIRE UN NICHOIR

1 Un toit pour protéger de la pluie et faire de l'ombre.

2 Joints scellés avec de la colle étanche à l'humidité.

3 Pas de perchoir : ils permettent aux prédateurs de harceler les oiseaux.

4 Un trou d'entrée arrondi, aux dimensions adaptées.

5 Une ventilation pour éviter les trop fortes chaleurs.

6 Des trous de drainage dans le fond.

7 Assez profond pour dissuader les prédateurs, mais pas trop pour permettre aux oisillons de sortir.

8 Le côté troué doit être rugueux à l'intérieur pour que les oisillons puissent l'escalader.

9 Un côté, le fond ou le toit devra pouvoir s'ouvrir pour un nettoyage après la nidification.

10 On le fixera solidement sur un poteau ou un arbre.

11 Il sera construit en bois non traité.

MADE IN CHINA

Les canards mandarins sont aussi répandus en Grande-Bretagne, où ils ont été introduits dans les années 1920, que dans leur pays d'origine. En Chine, le canard mandarin était un oiseau sacré.

en Chine, le canard mandarin est le symbole du bonheur conjugal

ce modèle fantaisiste n'aura aucun succès

Les cassicans flûteurs défendent leurs nids... becs et ongles

LA GUERRE DES CASSICANS

Tous les ans en Australie, des cassicans défendant leur nid attaquent et parfois blessent des centaines de personnes se promenant sous leurs nids. Les naturalistes australiens recommandent de coller un grand œil artificiel sur son couvre-chef ou de se protéger en portant un chapeau ou un casque.

DIFFÉRENTS TYPES DE MANGEOIRES

1 Fabriquées en verre ou en plastique, les mangeoires à colibris contiennent du liquide sucré, avec des ouvertures très resserrées ou un petit tube.

2 Les boules de graisse sont de simples boules suspendues, en général couvertes d'un grand couvercle en plastique.

3 Les mangeoires à trémie sont les plus classiques et existent en plusieurs formes et tailles. Les graines s'écoulent par le bas à mesure que l'oiseau mange.

4 Les mangeoires à graisse sont des cages grillagées ou de grandes pommes de pin garnies de graisse, avec ou sans graines.

5 Les mangeoires-plateaux sont de simples plateformes montées sur un poteau, une souche, une branche d'arbre ou une extension d'un appui de fenêtre.

6 Les mangeoires en tube sont de grands tubes cylindriques avec des ouvertures latérales équipées de perchoirs.

Longue langue

Le bec particulier du flamant est plié en son milieu avec des extensions fines comme des cheveux sur leurs bords. La mandibule supérieure s'ajuste dans la mandibule inférieure et l'oiseau se nourrit la tête en bas dans l'eau. L'épaisse langue musculeuse, la plus grande du monde des oiseaux, pompe l'eau à travers le bec, filtrant les micro-organismes qui font son régime.

les flamants ont la langue la plus grande et la plus charnue du monde des oiseaux

les mangeoires en hauteur sont disponibles en plusieurs formes et tailles

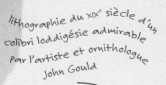

lithographie du XIXe siècle d'un colibri loddigésie admirable par l'artiste et ornithologue John Gould

🦅 Économies d'énergie

Les colibris d'Amérique et les souimangas d'Afrique défendront un carré de fleurs si l'énergie dépensée pour sa défense est moindre que celle apportée par la conservation de la ressource. Si l'énergie à déployer est trop importante à cause d'une compétition ou parce que la ressource est peu abondante, les oiseaux deviendront non territoriaux.

SANS LES PIEDS

On pensait il y a longtemps que les colibris et les martinets n'avaient pas de pieds à cause de leur petite taille et parce qu'ils restaient très longtemps en l'air. Ils ont même été pour cette raison inclus dans le groupe appelé Apodiformes, terme signifiant "sans pieds".

VOL STATIONNAIRE

La plupart des martins-pêcheurs, mangeurs de poissons, se nourrissent en plongeant d'un arbre. C'est ce que fait le martin-pêcheur pie, d'Afrique. Mais il chasse aussi en vol stationnaire, ce qui lui permet de se passer de perchoir et de pêcher en mer ou au milieu des lacs africains. Cependant beaucoup d'oiseaux de cette famille ne mangent pas de poissons. Le martin-pêcheur d'Australie, par exemple, mange des escargots, des vers, des lézards, des grenouilles et des serpents.

TOUCHE PAS À MON TERRITOIRE

Le territoire est la zone que l'oiseau défend contre les intrus – la plupart du temps contre des individus de la même espèce – pour protéger les ressources en quantités limitées comme la nourriture ou le site de nichage. En général, ce sont les mâles qui se chargent de la défense du territoire, mais il arrive que les deux membres du couple s'opposent aux intrus. Un territoire peut se résumer aux alentours immédiats du nid, comme chez les oiseaux marins, ou au contraire s'étendre sur des milliers d'hectares, comme chez l'aigle. Bien que les territoires soient principalement tenus pendant la saison de nidification, certains oiseaux les maintiennent également en hiver pour défendre une nourriture rare, comme des baies ou des noix. Les oiseaux nectarivores peuvent établir des territoires en quelques minutes et les tenir quelques heures à peine, le temps de la production du nectar par les fleurs. Outre sa fonction de parade, le chant sert aussi à revendiquer son territoire, une sorte de signal : "On ne passe pas".

COMMENT FONT LES OISEAUX POUR DORMIR PERCHÉS SUR UNE BRANCHE ?

Lorsque les passereaux (pas les canards, les oies ou les hérons, mais les oiseaux chanteurs familiers) se posent sur une branche, leurs pattes se plient naturellement, ce qui agit sur un tendon courant derrière la patte. Ce tendon tire alors sur les doigts, qui s'enroulent autour de la branche. C'est ce qui permet à l'oiseau de dormir, solidement ancré sur la branche, inconsciemment et sans effort musculaire. Lorsque l'oiseau s'envole, les pattes se tendent, le tendon se détend et les doigts se déroulent, relâchant la prise sur la branche.

hmmm, est-ce que je ne vais pas me casser la figure en dormant ?

ancienne affiche d'une compagnie
sud-américaine montrant un toucan

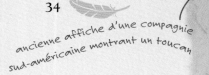

l'œuf vert sombre d'un émeu

ÉMEU À TOUT FAIRE

✿ Les colons en Australie mangeaient de la viande d'émeu.

✿ Ils brûlaient de l'huile d'émeu dans leurs lampes à huile.

✿ On peut faire une omelette pour quatre avec un œuf d'émeu.

RIO

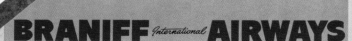

BRANIFF *International* **AIRWAYS**

MANŒUVRE AÉRIENNE

Lorsque des oiseaux comme les canards et les oies s'apprêtent à se poser, ils basculent d'un côté puis de l'autre. Ils perdent ainsi de l'altitude en empêchant leurs ailes de les porter. En arrivant au sol, ils les déploient à nouveau, ainsi que leur queue, pour se ralentir en vue de l'atterrissage.

TOUCAN SUPERSTAR

Le toucan, si reconnaissable avec son grand bec coloré, est un oiseau très populaire qui a donné son nom ou a été choisi comme mascotte dans de nombreuses occasions.

✿ Le toucan a été le symbole de la bière Guinness jusqu'en 1982.

✿ Le personnage Toucan Sam est la mascotte des boîtes de céréales Froot Loops.

✿ *The Toucans* est un groupe de steel band basé à Seattle.

✿ Toucan Market est un fabricant de médicaments.

✿ The Toucan Trail est une coopérative de petits hôtels au Belize.

✿ Le Toucan est une constellation de l'hémisphère sud, légèrement plus lumineuse que les autres constellations de cette partie du ciel.

✿ Il y a un opérateur de télécommunications appelé Toucan.

✿ Toucan est le nom d'une société de capital risque.

✿ Une société fabriquant des pots d'échappement est nommée Toucan.

✿ Il y a une société de design pour le web appelée Toucan.

✿ Toucan est le nom d'un voilier de régate de 10,50 m présent sur le lac Léman.

✿ C'est aussi le nom d'une société produisant des modèles 3D de poissons, fleurs et insectes.

✿ Il y a un centre de plongée appelé Toucan.

✿ Et aussi une société de fabrication de cartes à puce, un logiciel de cartographie virtuelle, un bateau transportant les éléments de la fusée Ariane…

timbre canadien montrant des bernaches du Canada

BAINS DE FOURMIS

❖ De nombreuses espèces de passereaux prennent des fourmis et les frottent sur leurs ailes. D'autres prennent des "bains de fourmis" en étendant leurs ailes sur une fourmilière, permettant ainsi aux insectes de grimper sur eux.

❖ La raison semble être que les sécrétions des fourmis fournissent une protection contre les parasites, champignons et bactéries qui peuvent se trouver sur les plumes.

❖ On a vu des oiseaux confondre les fourmis avec des objets comme des boules de naphtaline, des peaux de pomme et même des mégots de cigarette.

DUOS

Plus de 200 espèces d'oiseaux sont connues pour chanter en duo. Ils ne chantent pas en même temps, mais le mâle et la femelle se répondent si rapidement qu'on dirait qu'il n'y a qu'un oiseau. Ils doivent s'entraîner pendant des mois avant que le duo soit harmonieux. Parfois un troisième oiseau plus lointain peut se joindre à eux pour faire un trio.

FONDRE SUR SA PROIE

Les faucons ne plongent pas directement sur leurs proies, bien que ce soit le chemin le plus direct vers le but. Ils n'ont pas une très bonne vue dans l'axe de l'œil, et s'ils tournaient la tête pendant la plongée cela induirait une résistance aérodynamique. C'est pourquoi ils poursuivent leurs proies en tournoyant en spirale. Un peu plus long, mais avec un meilleur champ de vision.

un coq-de-roche orange mâle

COQS-DE-ROCHE

Ces spectaculaires oiseaux orange et noir d'Amérique du Sud tirent leur nom de leur habitude de nicher dans des falaises.
Ils sont frugivores et disperseurs de plantes, avalant les graines entières et les déféquant ensuite n'importe où.

LIBRE COMME L'OISEAU

Bien que les oiseaux semblent aller et venir à leur guise, ils sont en réalité contraints par leur bagage génétique et par l'environnement. Ils migrent à des périodes déterminées, construisent des nids spécifiques, pondent un certain nombre d'œufs, mangent une nourriture déterminée par la forme de leur bec et leur système digestif, sont en compétition pour trouver leur partenaire, consacrent énormément de temps et d'efforts pour incuber leurs œufs et nourrir leurs petits, et passent un temps considérable à entretenir leurs plumes et suivre les commandements de la nature pour survivre et se reproduire.
La liberté des oiseaux est bien plus symbolique que réelle.

le baguage est la méthode de suivi la moins coûteuse

✈ Suivre les oiseaux

Il y a plusieurs méthodes pour suivre les oiseaux et étudier leur migration.

❀ Le baguage consiste à attacher une bague à la patte de l'oiseau pour l'identifier. C'est la méthode la plus économique qui puisse être utilisée, quelle que soit la taille de l'oiseau. Bien qu'on ne retrouve pas ultérieurement beaucoup d'oiseaux bagués (environ 1 % seulement des passereaux et 10 % des oiseaux d'eau), l'information glanée est extrêmement utile.

❀ De petites radios, pesant à peine 1 g, peuvent être placées sur les oiseaux. Bien que les émetteurs et les récepteurs soient coûteux, ils sont relativement précis et l'oiseau peut être repéré par avion dans un rayon de 30 km ou du sol dans un rayon de 10 km.

❀ La télémétrie par satellite est également utilisée. Elle est très précise et les données peuvent être exploitées immédiatement, mais elle est également très coûteuse et les plus petits émetteurs pèsent quelque 20 g, ce qui réserve son usage pour les grands oiseaux.

LES MOTS POUR LE DIRE

L'aigle royal glatit, trompette

La bécasse des bois croûle

L'alouette grisolle, tire-lire, turlute

L'accenteur alpin gazouille

Le butor étoilé butit

Le canard cancane, canquete, nasille

La chouette chuinte, hioque, hole, hue, ulule, hulule

La cigogne craque, craquette, claquette, glottore

Le corbeau coraille, croaille, croasse, graille

La corneille babille, corbine, craille, criaille, graille

Le coucou coucoue, coucoule

Le cygne chanteur drense, drensite, siffle, trompette

L'épervier glatit, piale, tiraille

L'étourneau pisote

Le faisan criaille, glapit, piaille

Le faucon crécerelle huit, réclame

La fauvette babillarde zinzinule

Le geai cageole, cajacte, cajole, cocarde, frigulote, fringote, gajole

La gélinotte glousse

Le goéland pleure, raille

La grue cendrée craque, glapit, trompette

suite page 38

TEMPÉRATURES DU CORPS

Les températures du corps des oiseaux s'établissent dans une fourchette de 37,7°C à 43,5°C, soit légèrement plus haute que celle des mammifères (36-39°C) et que celle des humains (37°C).

LE RÂLE À CRÊTE DU BANGLADESH

Au Bangladesh, certains récoltent les œufs du râle à crête et les placent dans une demi-coque de noix de coco. Ils les attachent ainsi contre leur corps et les portent jusqu'à ce que les œufs éclosent trois semaines plus tard. Ces oiseaux sont appréciés pour leur chair et pour les combats.

LE GUI SE SERT DES OISEAUX

Le gui est un parasite des arbres. Il les envahit par le biais des oiseaux qui mangent ses baies puis en excrètent les graines ou se débarrassent de celles collées à leur bec. Il existe plusieurs variétés de gui dans le monde et de nombreuses espèces d'oiseaux en mangent les baies. En Australie, on trouve la jolie dicée hirondelle, appelée "l'oiseau à gui" (Mistletoe Bird).

À LA COLLE

✿ L'hémiprocné couronné d'Asie du Sud-Est construit un petit nid de plumes sur une grosse branche en haut d'un arbre. Un seul œuf est collé, avec de la salive, au nid.

✿ Les martinets batassia d'Asie et des palmes d'Afrique construisent un nid de plumes sous les feuilles du palmier à huile, en utilisant leur salive pour les faire tenir ensemble. Au fond du nid se trouve un petit rebord sur lequel la femelle dépose deux œufs, qu'elle colle avec sa salive.

✿ Les nids comestibles des salanganes d'Asie du Sud-Est sont construits presque entièrement avec de la salive.

FERTILISATION PAR LES GRANDS LABBES

Les grands labbes, oiseaux prédateurs proches des goélands, sont parfois accusés d'attaquer des moutons et même de tuer à l'occasion des agneaux. Bien qu'en effet les oiseaux paraissent se rassemblent autour des troupeaux, c'est en réalité l'inverse. Les labbes ont tendance à se rassembler sur les prairies, laissant leur guano (déjections) fertiliser l'herbe, vers laquelle les moutons sont naturellement attirés.

⌁ Attirance

Plusieurs études sur les passereaux indiquent que les mâles colorés, qui paradent le plus, ont les perchoirs les plus en vue et/ou ont les plus beaux chants, ont le plus de chances d'attirer les femelles. Seulement voilà, ces mâles ont aussi le plus de chances d'attirer les prédateurs. L'attirance, ses avantages et ses inconvénients…

le très coloré rollier à longs brins attire les femelles grâce à son spectaculaire vol de parade nuptiale

un épervier d'Europe mort d'avoir heurté une vitre

Contre les vitres

✿ Les vitres des fenêtres sont un important facteur de mortalité chez les oiseaux, notamment aux États-Unis.

✿ Le nombre d'oiseaux victimes des vitres dans le monde entier se chiffre par milliards.

✿ 1,5 % de la population des perruches de Lattam, en Tasmanie, est victime tous les ans de collisions contre des vitres.

les mots pour le dire –
suite de la page page 36

Le hibou bouboule, bubule, hue, ulule, hulule, miaule, tutube

L'hirondelle gazouille

Le merle appelle, babille, flûte, siffle

La mésange zinzinule

Le milan huit

Le moineau chuchete, chuchote, pépie

L'oie cacarde, criaille, siffle

La perdrix brourit, cacabe, glousse, pirouitte, rappelle

Le pic picasse, pleupleute

La pie agasse, bavarde, jacasse, jase

Le pigeon caracoule, jabotte, roucoule

Le pinson fringote, ramage, siffle

Le rossignol chante, gringotte, quiritte, trille

La sarcelle truffle

La tourterelle gémit

LE VOL DES VAUTOURS

Les vautours vivent en colonies et volent en grandes orbes, montant et descendant au gré des courants. Les Anglais ont appelé ces vols des "bouilloires" (kettles) en référence aux bulles d'eau en ébullition.

METS DÉLICATS

❖ Dans l'Angleterre du dix-huitième siècle, des oiseaux comme les traquets étaient piégés dans des collets en crin de cheval disposés autour de leurs nids. Ils étaient alors considérés comme une gourmandise.

❖ Dans la Rome ancienne, les langues de flamants passaient pour de véritables délices.

❖ Aujourd'hui protégé, le bruant ortolan, ou ortolan, a été très recherché pour sa chair délicate. Véritable mets de gourmet, il était consommé à la table des rois et des grands de ce monde.

✿ Les sternes arctiques effectuent les plus longues migrations de tous les animaux, ralliant l'Antarctique depuis les régions polaires arctiques. Elles se reproduisent en Arctique au-dessus du cinquantième parallèle et, dès les dernières lueurs de l'été, trois mois après leur arrivée, s'élancent vers le Sud.

✿ Leur voyage de quatre mois et 17 700 km les emporte à travers l'Atlantique le long des côtes de l'Europe puis de l'Afrique.

✿ Après quelques mois d'été en Antarctique, commence leur voyage retour vers l'Arctique.

✿ C'est ainsi probablement l'animal qui voit le plus longtemps la lumière du soleil.

✿ Considérant que les sternes arctiques volent au moins 35 400 km par an et qu'elles vivent 10 ans ou plus, elles auront volé quelque 400 000 km dans leur vie, soit dix fois le tour de la Terre.

les sternes arctiques migrent de l'Arctique vers l'Antarctique – et retour !

PETIT MALIN

La sterne pierregarin mâle vole avec un poisson au bec, dans l'espoir de tenter une femelle le suivant. Lorsque celle-ci le rattrape, il lui offre le poisson au milieu des airs. Ils glissent tous deux vers le sol, où le mâle parade devant la femelle. Si elle est d'accord pour s'accoupler, elle s'avancera pour prendre le poisson. Bien sûr, il y a toujours des mâles peu scrupuleux qui se font passer pour des femelles, pour piquer le poisson.

Corneilles et corbeaux

❖ Les grands corbeaux sont bien plus grands que les corneilles, bien que ce soit parfois difficile à apprécier de loin.

❖ La différence est plus apparente en vol, puisque la queue des corneilles est carrée ou arrondie, tandis que celle des corbeaux est en forme de coin.

le grand corbeau se distingue d'une corneille par sa taille et la forme de sa queue

QUE FAIRE POUR ÉLOIGNER LES OISEAUX DES JARDINS ?

1 Ne pas leur fournir d'eau ni de nourriture.

2 Décourager la nidification.

3 Couvrir plantations et arbres fruitiers avec des filets.

4 Suspendre des mobiles brillants, CD, papier aluminium.

5 Installer un épouvantail, un hibou ou un serpent en plastique.

6 Ne pas attraper ni blesser d'oiseaux.

PIGEONS ET TOURTERELLES

✿ Il n'y a pas de véritable différence entre pigeon et tourterelle, bien que ce nom désigne plutôt les oiseaux petits.

✿ Dans la famille des *columbidae*, je voudrais : un pigeon, une colombe, une tourterelle, une phasianelle, une tourtelette, une géopélie, une colombine, un colombar, un carpophage…

✿ Chez les pigeons et tourterelles on trouve toutes les tailles : de la géopélie diamant d'Australie (30 g) jusqu'au goura couronné de Nouvelle-Guinée (2 kg).

le harfang des neiges

tous les pigeons de nos villes font partie de la même famille

FAIRE SA COUR DANS LA NEIGE

Le harfang des neiges mâle, qui vit dans la toundra en Arctique, pourchasse un lemming, l'attrape et se pose sur un monticule de permafrost. Il cherche une femelle, les ailes déployées devant lui comme une cape, et lui offre sa proie. Le contraste entre le rongeur brun foncé et le paysage enneigé contribue à stimuler l'intérêt de la belle.

un épouvantail éloigne les indésirables

GOÉLANDS GAYS

Des couples de femelles existent chez différentes espèces de goélands – plus de 10 % des couples semble t-il. Ces associations sont apparemment le résultat d'un déficit de mâles. Même ainsi, les couples femelle-femelle peuvent produire des petits (après accouplement avec des mâles à l'écart du nid).

quand les mâles se font rares, les goélands femelles vont ensemble

Adaptations pour parasites

❖ Un cloaque (orifice urogénital) protrusif permet à un parasite (un oiseau qui pond ses œufs dans le nid d'un autre oiseau) de pondre dans un endroit a priori trop petit pour lui.

❖ Les œufs du parasite ont des coquilles plus épaisses pour éviter qu'ils se cassent du fait de leur ponte rapide, peut-être une seconde ou deux.

❖ Chez à peu près la moitié des espèces de coucou, le coucou nouveau-né s'insinue sous les œufs ou les petits de l'hôte et les balance par dessus bord pour rester seul dans le nid.

❖ Le vacher, cousin du coucou, grandit quant à lui plus vite en cas de compétition avec les petits du nid hôte. Un vacher seul réclamera sa nourriture et obtiendra sa part, mais il obtiendra plus si ses camarades de nid réclament en même temps que lui, même s'ils n'obtiennent pas une part de nourriture équitable.

un accenteur mouchet adulte nourrit un jeune coucou

L'ODEUR DE LA MORT

On pensait autrefois que les corbeaux avaient un tel odorat qu'ils pouvaient sentir l'odeur d'une mort imminente, si bien que personne ne voulait voir ces oiseaux voler au-dessus de chez eux.

BIRD ACADEMY

Les compétitions entre passereaux sont fréquentes partout en Indonésie, particulièrement à Bali, où peu de maisons n'ont pas d'oiseau domestique. Un endroit est clôturé et un échafaudage monté, où sont suspendues de nombreuses cages à oiseaux. Quand la compétition commence, les propriétaires entrent dans l'enceinte, dévoilent leur cage et pressent leur oiseau de chanter. Les juges vont et viennent entre les allées pendant que les propriétaires tentent d'attirer leur attention sur le chant de leurs oiseaux. On ne concourt pas pour l'argent mais pour le prestige.

les canards cancanent plus fort en ville

DE PLUS EN PLUS FORT

✿ Le rossignol, en réponse à l'augmentation du niveau sonore dans les villes, a augmenté le volume de son propre chant pour attirer sa partenaire. Le record du chant le plus fort jamais enregistré est de 95 décibels, suffisamment fort pour endommager votre ouïe si l'oiseau était perché sur votre épaule lors de son chant.

✿ À la campagne, les canards cancanent nonchalamment, tandis qu'en ville leur coin-coin est plus rapide, plus fréquent et plus fort – exactement comme leurs homologues humains.

À L'EAU !

Les chouettes pêcheuses plongent en général en piqué pour prendre un poisson juste à la surface d'un étang ou d'un lac, mais certaines n'hésitent pas à patauger pour pêcher.

L'ART DU LEURRE

Depuis le XIVᵉ siècle on utilise des oiseaux domestiques dressés pour appeler leurs congénères sauvages. On nomme ces leurres appelants ou chanterelles, oiseaux en cage dont le chant attire d'autres oiseaux.

les éoliennes sont responsables de nombreuses morts d'oiseaux

Éoliennes

❖ Bien que les éoliennes représentent un danger mortel pour les oiseaux, la LPO (Ligue de Protection des Oiseaux) a choisi d'accompagner le développement de la filière éolienne française. Le changement climatique global étant l'une des principales menaces pour les oiseaux, tout ce qui participe à la diminution des émissions de gaz à effet de serre est bénéfique.

❖ Correctement placées – par exemple en dehors des couloirs de migration – les éoliennes sont moins dangereuses que bien des structures artificielles, comme les lignes à haute tension ou les antennes de télécommunication.

❖ La LPO estime de 0 à 40 le nombre d'oiseaux tués par éolienne et par an.

❖ Les éoliennes sont aussi une source de dérangement pour les oiseaux : on a constaté qu'en hiver, l'oie à bec court, le canard siffleur, le pluvier doré ou le vanneau huppé évitent les zones à éoliennes.

ISOTOPES DANS LES PLUMES

Dis-moi ce que tu manges, je te dirai qui tu es : la composition chimique des plumes est en effet un reflet de l'alimentation. Partant de cette découverte, les scientifiques peuvent déterminer où les oiseaux ont niché et migré en examinant les isotopes d'hydrogène de leurs plumes.

le paradisier de keraudren est l'un des 43 oiseaux de la famille des paradisiers

LE PHÉNIX

Parmi les différentes versions du mythe du phénix, la plus répandue est celle de l'oiseau qui renait de ses cendres après s'être immolé par le feu. On suppose que l'origine de ce mythe vient de ce que des oiseaux ont été vus déployant leurs ailes devant des braises, sans doute pour se débarrasser de parasites grâce à la fumée. Les témoignages de ce type de comportement restent cependant rares.

Les oiseaux du paradis

✿ Évoluant dans l'île isolée de Nouvelle-Guinée, les 43 espèces de paradisiers ont développé de spectaculaires plumages et parades nuptiales.

✿ Certains paradisiers mâles attirent les femelles en nettoyant une surface dans la forêt qu'ils utilisent comme scène pour leur parade. Cette surface, qui peut faire jusqu'à un mètre de diamètre, est si propre que si une seule feuille venait à tomber dessus, l'oiseau quitterait immédiatement son perchoir pour venir la retirer.

✿ En tout autre lieu l'ornementation du plumage pourrait se révéler être un handicap, mais comme la Nouvelle-Guinée abrite peu de prédateurs ou de compétiteurs pour leur nourriture, les couleurs de l'oiseau et son impressionnante parade nuptiale ne les exposent pas particulièrement.

✿ Les premiers ornithologues examinant un spécimen empaillé crurent d'abord à un gag tellement les couleurs leur semblaient extraordinaires.

RSPB

La Royal Society for the Protection of Birds (RSPB) a choisi pour son logo l'avocette élégante. En France, le logo de la LPO représente deux macareux moines, oiseaux nichant dans l'archipel des Sept-îles

LA NOUVELLE-ZÉLANDE,
ROYAUME DES ALBATROS
Il y a 21 espèces reconnues d'albatros,
parmi lesquelles 12 se reproduisent en
Nouvelle-Zélande et 7 se reproduisent
en Nouvelle-Zélande et nulle part ailleurs.

44 albatros hurleur – endémique de Nouvelle-Zélande - effectue sa parade nuptiale

OISEAUX EN LAISSE

Les propriétaires de perroquets qui
veulent empêcher leur oiseau de
s'envoler lorsqu'ils le sortent de sa
cage peuvent utiliser des laisses,
disponibles en plusieurs tailles.

UN CHAPEAU À PLUME

Accessoire discrètement enjoué, la plume
au chapeau évoque les souvenirs de
Robin des Bois et la célèbre chanson
Le chapeau à plume que Lily Fayol créa
en 1948.

PAS SI BÊTE LA BÉCASSE : ELLE ATTRAPE ET AVALE
EN MÊME TEMPS SES PROIES EN PLONGEANT SON BEC DANS LE SOL.

le canard souchet a un bec caractéristique en forme de spatule

🐦 Spatule

Le canard souchet, présent dans tout
l'hémisphère Nord, possède un bec
en forme de spatule, qui lui permet
de fouiller la vase et la boue à la
recherche d'invertébrés. Promenant
son bec dans l'eau de droite à gauche,
il aspire sans cesse, filtrant les
particules comestibles et rejetant l'eau
de côté.

Tous ensemble, tous ensemble…

Chez certaines espèces avec
une grande couvée et des petits
nidifuges (précoces), comme
les perdrix, les cailles,
les canards et les oies, il est important
que tous les poussins naissent en même temps pour que
la femelle n'ait pas à incuber des œufs tout en surveillant
les petits déjà éclos. On a découvert que les poussins émettent
des pépiements, leur bec collé à la coquille avant d'éclore.
On pensait que c'était pour communiquer avec la mère, mais en fait
ce serait un moyen pour les poussins de communiquer entre eux
pour coordonner le moment de leur éclosion.

Canard colvert en vol

À TOUTE ALLURE

❖ Les ailes de colibris battent
tellement vite qu'elles émettent
une sorte de vrombissement.
Les différentes espèces de
colibris peuvent se reconnaître
au son de leurs ailes.

❖ Plus de 70 % de l'aile du
colibri sont constitués des os
de la main ; les os du bras sont
considérablement raccourcis.

❖ En moyenne, les colibris
battent des ailes 25 fois par
seconde en vol, et jusqu'à
80 fois par seconde chez les
colibris les plus petits.

OISEAUX BEAUX PARLEURS

❖ Un perroquet jaco d'Afrique,
du nom de Prudle, possède un
vocabulaire de près de 1 000
mots, bien qu'il ne comprenne
sans doute la signification que
d'un très petit nombre d'entre eux.

❖ Sparkie Williams, peut-être la
perruche la plus célèbre, pouvait
chantonner plusieurs ballades
enfantines. Les archives de la BBC
l'ont enregistré pour la postérité.

les perroquets sont souvent de bons imitateurs

LES OISEAUX DANS LE SPORT

Kiwis de Nouvelle-Zélande .... Cricket
Faucons (Falcons) de Newcastle .... Rugby
Canaris de Nantes .... Football
Les oiseaux bleus (Bluebirds) de Cardiff .... Football
Pies (Magpies) de Newcastle United .... Football
Manchots (Penguins) de Pittsburgh .... Hockey sur glace
Faucons (Hawks) d'Atlanta .... Basket
Le "Nid d'oiseau", stade olympique de Pékin

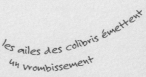

les ailes des colibris émettent un vrombissement

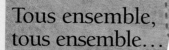

œuf de poule d'un jour

CIMENT À L'ŒUF

L'église San Francisco, à Lima, au Pérou, abrite le premier cimetière de Lima : des catacombes où sont enterrés 75 000 corps. Construites au XVIᵉ siècle, ces catacombes étaient faites de carbonate de calcium, de sable et de blancs de centaines de milliers d'œufs d'oiseaux marins.

À quoi ressemble l'intérieur d'un œuf ?

Un embryon d'oiseau est confiné à l'intérieur d'une enveloppe pendant 14 à 60 jours. Comment se nourrit-il, respire t-il et se débarrasse t-il de ses déchets ?

✿ Le jaune de l'œuf est le nutriment, constitué d'environ 50 % d'eau, 32 % de graisses, 16 % de protéines et 2 % de glucides.

✿ La coquille a entre 6 000 et 12 000 minuscules pores, qui permettent les échanges de dioxyde de carbone et d'oxygène.

✿ Les déchets posent le principal problème puisque leur accumulation dans un espace confiné peut être toxique. C'est pourquoi ils sont stockés dans une membrane appelée allantoïde jusqu'à l'éclosion.

ŒUF BÉTON

Les œufs sont plus solides qu'ils n'en ont l'air. Essayez cette simple expérience – mais passez d'abord un tablier et installez-vous au-dessus d'un évier au cas où. Prenez un œuf de poule dans la paume de votre main et pressez-le aussi fort que vous le pourrez. La plupart des gens ne parviennent pas à le casser, tellement il est solide.

IL RIT JAUNE

Un œuf de kiwi a 61 % de jaune, à peu près deux fois plus que ceux des autres oiseaux nidifuges (ceux dont les petits sont couverts de duvet et capables de se nourrir seuls).

BLANC PUR

Les œufs des reptiles sont blancs.
Ceux des oiseaux ont évolué vers des
teintes différentes pour les camoufler
des prédateurs. De fait :

1 Les œufs blancs sont toujours
trouvés chez les oiseaux nichant
dans des trous, où le camouflage
n'a pas beaucoup d'importance.

2 Les œufs blancs sont aussi produits
par des oiseaux nichant à l'extérieur
mais avec une incubation rapide et
un parent couvant toujours les œufs.

3 On les trouve aussi dans des nids
ouverts mais ils sont alors couverts
avec du duvet ou de la végétation.

la couleur des œufs est sans effet sur la couleur des poussins

les œufs produisent des protéines et sont classés pour cette raison dans le même groupe nutritionnel que la viande

Le sexage

Pour les éleveurs, de poulets il est important de distinguer
les sexes des poussins nouveaux-nés. Une technique de
détermination du sexe par examen de l'orifice anal
a été développée par les Japonais. C'est une technique
difficile à maîtriser et les sexeurs confirmés sont bien
payés. Il existe même un championnat du Japon de
sexage où le record est de 100 poussins en 3 minutes
et 6 secondes. Hélas… de nouvelles races de poulets,
dont la progéniture peut être facilement sexée par des
débutants, ont été introduites, reléguant le sexage au
rang d'un art défunt. Un laboratoire a également
développé une technique pour déterminer le sexe
d'un oiseau nouveau-né en étudiant les tissus
présents dans la coquille après l'éclosion.

des coquilles d'huîtres concassées ont été testées comme complément de calcium pour l'hirondelle bicolore

COMPLEMENTS DE CALCIUM

❖ L'hirondelle bicolore reçoit peu de calcium dans
son régime, bien que celui-ci soit indispensable pour
la production des coquilles d'œufs. Des chercheurs
ont disposé des coquilles d'huîtres concassées dans les
nichoirs juste au début de la construction du nid.
Les femelles dont les nids ont été ainsi
complétés ont pondu plus tôt de plus
grandes couvées avec de plus gros poussins.
❖ Il y a plus de calcium dans les quatre
œufs pondus par une femelle d'oiseaux
de rivage que dans la totalité de son corps.
Certaines ingèrent des dents de lemming
comme source additionnelle de calcium.

OUÏE FINE

L'ouïe de la chouette lapone est si fine qu'elle peut attraper des petits mammifères sous une couche de neige simplement en écoutant leurs mouvements.

DES PLANTES AUX NOMS D'OISEAU

Le pied d'alouette

Le coucou

La fougère aigle

Le coquelicot

L'épervière

L'œillet œil-de-paon

La fauvette

Le géranium des colombes

L'amarante crête-de-coq

La renouée des oiseaux

Le bec-de-grue

Le sorbier des oiseleurs

La poule-des-bois

Le pied-de-corbeau

dessin d'un grand duc – a-t-il vraiment l'air méchant ?

Affreux hiboux

❖ Autrefois dans les Shetland, en Écosse, les fermiers pensaient que si une vache était effrayée par un hibou, elle produirait du sang au lieu du lait.

❖ On pensait qu'un hibou hululant près des maisons signifiait qu'une jeune fille venait de perdre sa virginité.

❖ Un peu partout dans le monde les hiboux sont considérés comme effrayants, voire malfaisants.

CONCOURS DE HAUTEUR

❖ Le plus grand oiseau d'Europe est la grue cendrée qui mesure 1,20 m.

❖ Le plus grand oiseau volant au monde est la grue antigone qui mesure 1,70 m.

❖ Le plus grand oiseau non volant au monde est l'autruche qui mesure 2,70 m.

❖ Le plus grand oiseau connu était l'*aepyornis*, l'oiseau éléphant de Madagascar, disparu au XVIe siècle, qui pouvait mesurer jusqu'à 3 m.

UN JEU DE CACHE-CACHE

Les geais, connus pour voler les glands de chêne dans les garde-mangers des autres geais, sont très prudents lorsqu'il s'agit de cacher leurs propres provisions. S'ils remarquent qu'ils ont été observés par des congénères pendant qu'ils cachaient leurs glands, ils reviendront plus tard pour les enfouir ailleurs.

un parasite a ajouté son œuf à ceux du nid – mais l'homme ne doit pas interférer

PAS TOUCHE AUX ŒUFS ?

Il a souvent été dit que si l'on touche aux œufs ou au nid, l'oiseau ne reviendra pas à son nid. Cela n'a pas été prouvé et semble illogique parce que :

1 La plupart des oiseaux ont un odorat peu développé et il est peu probable qu'ils puissent détecter l'odeur humaine.

2 Il semble plus probable qu'ils chercheraient à protéger plutôt qu'à abandonner leurs œufs ou leurs petits.

installez des mangeoires dans votre jardin pour attirer les oiseaux

FAITES DE VOTRE JARDIN UN SANCTUAIRE POUR OISEAUX

1 Plantez une végétation indigène pour le gîte et le couvert.

2 Évitez les pesticides, herbicides et autres produits chimiques.

3 Placez des mangeoires en plusieurs endroits.

4 Prévoyez un point d'eau sous la forme d'une mare ou d'une vasque à oiseaux.

5 Installez des nichoirs.

6 Gardez vos chats dans la maison…

avec leur bec, les toucans attirent leur partenaire plutôt que les poissons

DES TOUCANS PÊCHEURS ?

❀ Le bec coloré du toucan est grand mais très léger, renforcé à l'intérieur par des entretoises en os.

❀ Le toucan utilise son bec en dents de scie pour débusquer dans la végétation fruits, insectes et petits vertébrés comme des lézards.

❀ Le bec est coloré pour la même raison que la plupart des oiseaux tropicaux : attirer un partenaire.

❀ Lorsque les premiers spécimens de toucans furent étudiés en Europe, on pensa que leurs becs étaient adaptés pour attraper des poissons plutôt que pour manger des fruits.

ELLE VOIT ROUGE

La grue cendrée a une tache rouge sur la tête, qui devient écarlate lorsque l'oiseau est excité ou agressif.

les graines de tournesol, une excellente nourriture pour vos visiteurs ailés

une grue cendrée sur un timbre est-allemand

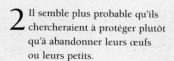

EMBLÊMES NATIONAUX

ALBANIE ....Pélican frisé
ALLEMAGNE ....Cigogne blanche
AFRIQUE DU SUD ....Grue de paradis
ANTIGUA ....Frégate superbe
ARGENTINE...............Fournier roux
AUSTRALIE ....Émeu
AUTRICHE ....Hirondelle
BAHAMAS ....Flamant rose
BANGLADESH ....Shama
BELGIQUE ....Faucon crécerelle
BÉLIZE..................Toucan à carène
BERMUDES........Phaéton à bec jaune
BHOUTAN ....Grand corbeau
BOLIVIE...............................Condor
BONAIRE ....Conure dorée
CANADA ....Plongeon huard
CHILI ....Condor
CHINE ....Grue du Japon
COLOMBIE..........................Condor
CORÉE ....Pie bavarde
COSTA RICA ....Miro
CUBA ....Trogon de Cuba
DANEMARK ....Cygne
DOMINIQUE ......Amazone impériale
ÉQUATEUR...........................Condor
ESTONIE ....Hirondelle
ÉTATS-UNIS Pygargue à tête blanche
FINLANDE ....Cygne chanteur
FRANCE ....Coq
GRENADE ......Colombe de Grenade
GUAM.......................Râle de Guam
GUATEMALA Quetzal resplendissant
GUYANE...............................Hoazin
HAITI..................Trogon damoiseau
HONDURAS ..Amazone à nuque d'or
HONGRIE ....Grande outarde
ÎLES FÉROÉ...................Huîtrier pie
ÎLES MARIANE...........Râle de Guam
ÎLES VIERGES Sucrier à ventre jaune
ÎLES VIERGES BRITANNIQUES ....
....................................Tourterelle triste
INDE ....Paon bleu
INDONÉSIE ....Aigle de Java
IRAQ ....Perdrix choukar

suite de la liste page 53

les cygnes étaient autrefois des "oiseaux royaux"

🕊 Le cygne et la couronne

Pendant des siècles, les cygnes d'Angleterre ont été exploités comme animaux comestibles. Les cygnes étaient marqués avec des entailles sur leur bec qui indiquaient leur propriétaire. Tout oiseau non marqué était la propriété du monarque et le cygne devint alors "l'oiseau royal". Bien qu'on ne les mange plus depuis le début du XXᵉ siècle, la tradition de marquer les cygnes est toujours pratiquée par les honorables compagnies Vintners et Dyers sur la Tamise, à Londres, les seules sociétés privées possédant encore des cygnes en Grande-Bretagne.

LA CHASSE AU BOOMERANG

❖ Les oiseaux sont chassés au boomerang depuis plus de 10 000 ans par les Aborigènes d'Australie.

❖ Dans l'Égypte ancienne, on chassait ainsi les autruches et les canards – on a trouvé des boomerangs dans la tombe du roi Toutankhamon.

LE PREMIER AVION ENNEMI ABATTU EN 1940

Ce haut fait est à mettre au crédit d'un avion britannique du nom de *Blackburn Skua*, nommé d'après l'oiseau marin prédateur le labbe (skua). Les labbes se nourrissent d'œufs de nombreux oiseaux et défendent farouchement leur territoire, piquant sur les moutons, chiens et humains.

on chassait les oiseaux au boomerang dans l'Antiquité

ŒUF PORTE-BONHEUR

Dans nombre de cultures, jeter du riz est une tradition porte-bonheur dans les mariages. La jeune mariée peut aussi briser un œuf au seuil de la maison avant d'entrer pour avoir du bonheur et des enfants en bonne santé.

casser un œuf porte bonheur

SYMBOLIQUE DE L'OIE

Dans de nombreux pays l'oie a une signification particulière, souvent à connotation sexuelle. En argot de l'Angleterre élizabéthaine "oie" signifiait prostituée ; en français l'expression "oie blanche" évoque une jeune fille ignorante des choses de l'amour et un peu sotte.

AVIONS EN PAPIER

Pour voir comment un oiseau plane, faites un avion en papier. Puis modifiez ses ailes en pliant des volets pour le faire planer plus vite. Quel modèle marche le mieux ? Pouvez-vous lancer un avion plus vite qu'un autre ? Quel type d'avion est meilleur pour la vitesse ou pour planer ? Un avion peut-il voler vite et planer loin ?

dans la tradition, l'oie a souvent une connotation sexuelle

SUPER RAPIDES : DES LORIQUETS À TÊTE BLEUE ONT ÉTÉ VUS BUTINANT JUSQU'À 35 FLEURS D'EUCALYPTUS À LA MINUTE.

le carouge à épaulettes chante "konk-la-rî-rî-rî"

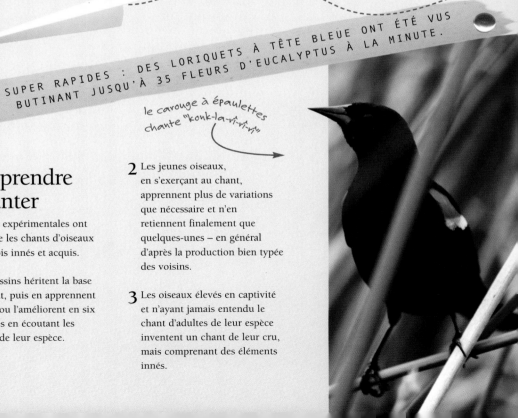

Apprendre à chanter

Des études expérimentales ont montré que les chants d'oiseaux sont à la fois innés et acquis.

1 Les poussins héritent la base du chant, puis en apprennent le reste ou l'améliorent en six semaines en écoutant les adultes de leur espèce.

2 Les jeunes oiseaux, en s'exerçant au chant, apprennent plus de variations que nécessaire et n'en retiennent finalement que quelques-unes – en général d'après la production bien typée des voisins.

3 Les oiseaux élevés en captivité et n'ayant jamais entendu le chant d'adultes de leur espèce inventent un chant de leur cru, mais comprenant des éléments innés.

le pluvier kildir a des zébrures sombres qui lui servent de camouflage

🦩 Pensez aux zèbres

Certains oiseaux vivant au sol se cachent d'éventuels prédateurs en se camouflant. Le meilleur moyen est de se fondre dans le décor en ayant un plumage couleur de terre imitant le sol, à l'exemple des engoulevents ou des oiseaux de rivage. Cependant beaucoup d'échassiers ont des motifs saisissants, avec de larges rayures, des bandes ou des taches noires ou marron sur un ventre blanc. C'est une autre forme de camouflage appelée coloration disruptive. Les motifs cassent la silhouette de l'oiseau, qui devient ainsi difficile à voir lorsqu'il ne bouge pas.

FESTIN D'ESCARGOT

✿ Les escargots sont le repas préféré des bec-ouverts africains et indiens. Ces oiseaux ont un bec qui ne ferme pas complètement : les extrémités se touchent, mais pas le haut et le bas du bec. On peut voir à travers le bec d'un côté à l'autre. Cette conformation inhabituelle facilite l'extraction des escargots de leur coquille.

✿ Un étonnant oiseau à l'habitat aquatique, le courlan brun, se nourrit uniquement d'escargots ampullaires dont le pas est à droite. À force de manger ainsi, l'extrémité du bec est significativement courbée vers la droite.

GAMMES ET NOTES DANS LES CHANTS D'OISEAUX

L'alouette des champs est connue pour son très beau chant, mais le musicien britannique David Hindley découvrit qu'il s'agissait là d'une véritable musique. Il enregistra le chant de l'alouette, le ralentit et mit ainsi en évidence des notes distinctes, qui pouvaient être jouées comme une partition humaine. Certaines parties pouvaient même faire penser à des morceaux de la Cinquième Symphonie de Beethoven. Quant à l'alouette lulu, la structure de son chant ressemble aux Préludes et Fugues de Jean-Sébastien Bach…

la musique des oiseaux

emblèmes nationaux - suite de la page 50

ISLANDE ....Faucon gerfaut
JAMAÏQUE ....Colibri à tête noire
JAPON.................Faisan versicolore
JORDANIE.............................Roselin
LETTONIE ....Bergeronnette grise
LIBERIA.................................Bulbul
LITHUANIE ....Cigogne blanche
LUXEMBOURG............Roitelet huppé
MALAISIE ....Éperonnier malais
MALTE ....Monticole bleu
MEXIQUE ....Caracara huppé
MONTSERRAT ..Loriot de Montserrat
MYANMAR (BIRMANIE)......Paon bleu
NORVEGE ....Cincle plongeur
OUGANDA.....................Grue royale
PALAU ....Ptilope des Palau
PANAMA.....................Harpie féroce
PAPOUASIE-NOUVELLE-GUINEE
               Paradisier de Raggi
PARAGUAY ....Araponga à gorge nue
PEROU ....Coq-de-roche péruvien
PHILIPPINES ....Aigle des Philippines
POLOGNEPygargue à queue blanche
PORTO-RICO..Sucrier à ventre jaune
REPUBLIQUE DOMINICAINE ....
               Esclave palmiste
ROYAUME-UNI ....Rougegorge
STE-HELENE ..Pluvier de Ste-Hélène
ST-KITTS-ET-NEVIS ......Pélican brun
ST-VINCENT ET GRENADINES ....
         Amazone de St-Vincent
SAO TOME-ET-PRINCIPE ....
               Perroquet jaco
SINGAPOUR ....Pygargue blagre
SRI LANKA ....Coq de La Fayette
SUEDE ....Merle noir
SWAZILAND................Touraco violet
TAIWAN ....Busautour à joues grises
THAILANDE ....Faisan prélat
TOBAGO ....Ibis rouge
TRINIDAD ....Ibis rouge
TURQUIE ....Grive mauvis
URUGUAY ....Fournier roux
VENEZUELA ....Oriole troupiale
ZAMBIE.................Pygargue vocifer
ZIMBABWE ....Pygargue vocifer

UN CRUSTACE, S'IL VOUS PLAIT

✿ Le grèbe à bec bigarré a un bec plus fort que n'importe quel autre grèbe, et ses puissants muscles de la mâchoire permettent à l'oiseau d'attraper une écrevisse. Il la tient par une pince et la secoue jusqu'à ce que la pince se détache. Il fait ensuite de même avec l'autre pince, après quoi il avale le crustacé, la queue en premier.

✿ Les huîtriers sont des oiseaux à long bec qui mangent une nourriture variée mais préfèrent les bivalves. Pour accéder à la chair de l'animal, l'oiseau parvient à sectionner les muscles qui tiennent la coquille fermée.

BRICOLEZ
UN ABRI

On peut construire un simple abri avec un carton de lait :

1 Lavez le carton. Découpez un trou de 5 cm dans le carton.

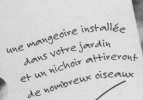

2 Fermez le haut avec du ruban adhésif.

3 Suspendez l'abri à un arbre avec un bout de corde. Non seulement vous aidez la nature, mais vous réutilisez ainsi des vieux matériaux qui, sinon, auraient fini à la poubelle.

une mangeoire installée dans votre jardin et un nichoir attireront de nombreux oiseaux

PRENOMS D'OISEAUX : Pénélope, Bécassine, Ariane, Irène, Martin

un annumbi fagoteur devant son incroyable nid de branchages

🦩 Impressionnant fagot

Oiseau d'apparence quelconque, l'annumbi fagoteur tire son nom de l'incroyable grand nid qu'il construit avec des branchages et sur de petits arbres ou des structures artificielles comme les poteaux de téléphone. Les nids, en forme de dôme ou de cylindre d'environ 1 m de haut, ont leur entrée près du sommet. Les nids de cet oiseau sont connus pour pouvoir provoquer des courts-circuits sur les pylônes électriques.

ABANDONNÉS À EUX-MÊMES

❖ Le talégalle de Latham et le léipoa ocellé d'Australie construisent des nids de 4 m de diamètre et 1 m de haut. Certaines femelles pondent jusqu'à 50 œufs dans un nid.

❖ Les œufs sont incubés par la chaleur produite par la décomposition des végétaux. Le mâle garde le nid à une température constante de 33-38°C en insérant son bec dans le monticule pour estimer la température, puis en ajoutant ou retirant des végétaux si nécessaire.

❖ Lorsque les œufs éclosent après environ sept semaines, les poussins abandonnés à eux-mêmes creusent un passage à travers le tas de végétaux. Mais tout ira bien pour eux car ils sont déjà entièrement recouverts de plumes et capables de voler juste quelques heures après l'éclosion.

le talégalle de Latham

LE MYSTÈRE DU ROC

Le mythologique roc (ou rokh) de Madagascar, qui apparaît dans Sindbad le Marin, est identifié à l'oiseau éléphant (Aepyornis), haut de 3,30 m et pesant 500 kg.
Cet oiseau a disparu au XVIIIᵉ siècle.

squelette et œuf de l'oiseau éléphant

BON PIED BON ŒIL : L'ESPÉRANCE DE VIE D'UN ÉTOURNEAU EST DE 2 ANS ET DEMI, MAIS LE RECORD DE LONGÉVITÉ EST DE 22 ANS.

je suis un sale goinfre

HUIT RAISONS DE VOUS DISSUADER DE VIVRE AVEC UN PERROQUET

1 Ils font du bruit.
2 Ils sont sales.
3 Ils peuvent mordre.
4 Ils cassent tout.
5 Ils exigent beaucoup de soins.
6 Ils peuvent être chers.
7 Ils peuvent vivre longtemps.
8 Les mignons petits perroquets deviennent beaucoup moins mignons en grandissant.

Avec cris et battements d'ailes,
Sur la moulure aux bords étroits,
Ainsi jasent les hirondelles,
Voyant venir la rouille aux bois.

CE QUE DISENT LES HIRONDELLES
THÉOPHILE GAUTIER

Hirondelles et martinets

❀ Les ailes du martinet sont plus fines et plus ramenées vers l'arrière que celles de l'hirondelle.
❀ Les battements d'aile du martinet semblent plus désordonnés que ceux de l'hirondelle, presque comme si les ailes battaient l'une après l'autre.
❀ Certains martinets ont la queue très courte.

les ailes de cette hirondelle bicolore la distinguent du martinet

RAQUETTES MINIATURES

Les tétras et lagopèdes ont des sortes d'écailles de chaque côté de leurs doigts en hiver pour faciliter leurs déplacements dans les terrains enneigés.

SEULES QUELQUES BERNACHES DU CANADA SONT CANADIENNES

La bernache du canada est, de toutes les bernaches, celle qui est la plus abondante en Europe et dans le monde. Mais bien sûr il y en a aussi au Canada…

un manchot empereur avec son petit

LE COMPTE ŒUF BON

✿ Certains oiseaux pondent un nombre déterminé d'œufs et pas plus. La corneille, le lagopède des saules, la perruche, le carouge de Californie et beaucoup d'échassiers par exemple. Si un œuf est détruit, le ou les parents vont simplement s'occuper des œufs restants.

✿ Certains oiseaux pondent un nombre indéterminé d'œufs, car après avoir pondu ses œufs, si l'un est volé ou détruit, la femelle en pondra un autre en remplacement. Par exemple les garrots, le colin de Californie, la calopsitte élégante, les foulques et la plupart des gallinacés. Dans une expérience où un œuf était retiré tous les jours d'un nid de pic flamboyant, la femelle pic pondit 71 œufs en 73 jours.

le merle d'Amérique pond un nombre déterminé d'œufs, seulement 3 à 5 œufs tout bleus

🐦 La reproduction en hiver

La plupart des oiseaux vivant dans des environnements tempérés se reproduisent au printemps ou à l'automne, que ce soit dans l'hémisphère Nord ou Sud. Le manchot empereur, quant à lui, se reproduit en juin et juillet dans l'hiver antarctique alors que les températures descendent jusqu'à – 40°C. Deux mois d'incubation sont nécessaires dans ces conditions extrêmes, suivis par trois mois de soins rapprochés. La raison de ce calendrier est que le poussin, lorsqu'il devient indépendant, se retrouve dans l'été antarctique avec une nourriture plus abondante et des conditions moins sévères.

Protection des oiseaux sauvages

La directive européenne sur la conservation des oiseaux sauvages impose aux États membres de prendre des mesures de protection pour les oiseaux migrateurs et les oiseaux présentant un enjeu particulier de protection. Il est notamment interdit de tuer ou de capturer intentionnellement les espèces d'oiseaux couverts par la directive, d'endommager leurs nids et leurs œufs, de les perturber intentionnellement, de les détenir.

UN PSY POUR VOTRE PERROQUET

Pour les oiseaux se comportant mal, il existe maintenant des consultants en comportement animal qui vous aideront à résoudre les problèmes que vous rencontrez avec votre sacré oiseau.

les taches sur les ailes du caurale soleil ressemblent à de gros yeux effrayants pour éloigner les prédateurs

ÇA FAIT RÉFLÉCHIR...
Il y a 25 % d'oiseaux en plus autour des exploitations agricoles cultivant en bio.

IL FAIT LES GROS YEUX

Le caurale soleil a sur les ailes de grandes taches semi-circulaires ressemblant à des yeux. Lorsque l'oiseau déploie ses ailes, les taches apparaissent pour un éventuel prédateur comme les yeux d'un gros animal.

L'étude étourneau

Les étourneaux nés à La Haye, aux Pays-Bas, migrent vers le sud-ouest pour hiverner dans le nord de la France et en Angleterre. À l'automne 1958, le biologiste néerlandais A.C. Perdeck captura de nombreux adultes et jeunes étourneaux, les bagua et les transporta en Suisse. Lorsqu'ils furent relâchés, les adultes partirent vers le sud-ouest puis obliquèrent pour parvenir finalement dans leur zone habituelle d'hivernage. Les jeunes étourneaux, eux, prirent la même route depuis la Suisse et se retrouvèrent dans le sud de la France et même en Espagne. Ce qui montre que la carte de migration est d'abord génétique mais s'acquiert aussi par l'expérience, et que la maturité permet de faire les ajustements nécessaires.

✦ jeune étourneau ✦ étourneau adulte

37 nouvelles espèces d'oiseaux ont été introduites à Hawaï

INTRODUCTIONS DANS LES ÎLES

Les espèces d'oiseaux exotiques introduites dans des îles s'imposent souvent sur les espèces autochtones. À Hawaï, avec 37 espèces introduites, ou à Porto Rico avec 19, par exemple, les espèces de passereaux exotiques dépassent en nombre les espèces locales.

DUVET POUDREUX

Entre autres plumes, les perroquets, pigeons et particulièrement les hérons possèdent un type de plumes appelées duvet poudreux. Les extrémités de ces plumes se brisent, produisant des granules fins comme du talc. Il semblerait que cette poudre aide à rendre les plumes étanches.

POURQUOI LA MUE ?

La plupart des oiseaux perdent leurs plumes pour de nouvelles parce que :

1 Les plumes s'abîment et qu'il est nécessaire de les remplacer par de nouvelles.

2 Les vieilles plumes peuvent être infectées par des parasites.

3 Le plumage peut changer pour s'adapter à la saison, le plumage d'hiver étant souvent neutre ou faiblement coloré pour tromper les prédateurs, et le plumage nuptial plus coloré pour attirer les femelles et dissuader les mâles concurrents.

LES PLANTATIONS DU JARDIN POUR ATTIRER LES OISEAUX

1 Choisissez vos variétés de plantes à la fois en termes d'espèces et de structure.

2 Choisissez des plantes que les oiseaux utiliseront à la fois comme abri et pour se nourrir, mais évitez les espèces invasives et étrangères.

3 Constituez un mélange varié de nourriture – baies, graines, noix…

4 Sélectionnez des plantes qui produiront des fruits à différentes périodes de l'année.

5 Privilégiez les arbustes à cause de leur grande variété.

plantez dans votre jardin une grande variété de baies et graines pour attirer les oiseaux

TENUE DE VOL

Pour ceux qui laissent leur oiseau domestique se balader librement dans la maison, il existe des tissus de protection douillets, extensibles et réutilisables pour prévenir les accidents.

les perroquets comme cet ara militaire peuvent souffrir de la psittacose

🦅 La fièvre des perroquets

❖ La psittacose est une ornithose (maladie des oiseaux) avec des symptômes de fièvre, refroidissement, maux de tête, sensibilité à la lumière, toux et douleurs musculaires. Elle est causée par la bactérie *Chlamydia psittaci*.

❖ Les perruches, perruches inséparables et perroquets sont les oiseaux les plus touchés, mais d'autres oiseaux comme les volailles, les pigeons, les canaris et les oiseaux marins peuvent aussi être infectés. Les oiseaux infectés peuvent parfois ne pas présenter de symptômes.

❖ Les humains peuvent être infectés par la psittacose en inhalant les bactéries présentes sur les déjections d'oiseaux, la poussière des plumes ou d'autres sécrétions d'oiseaux malades.

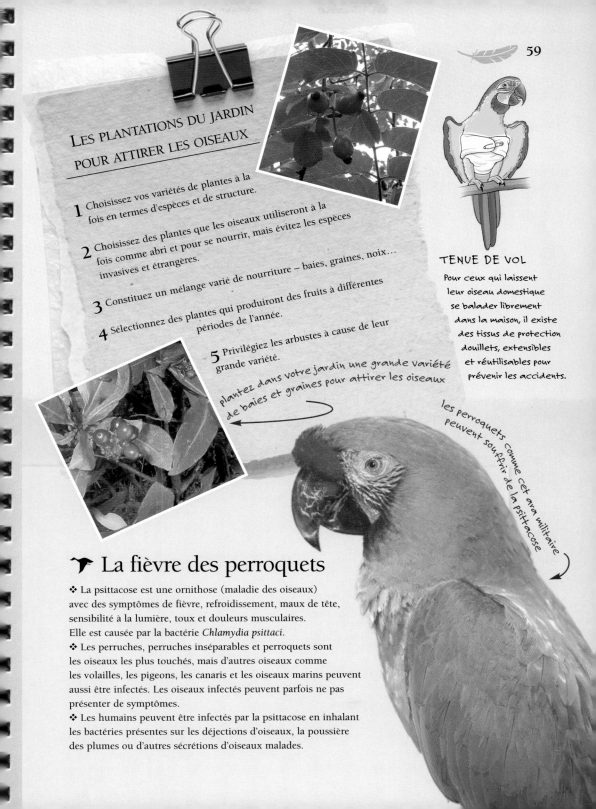

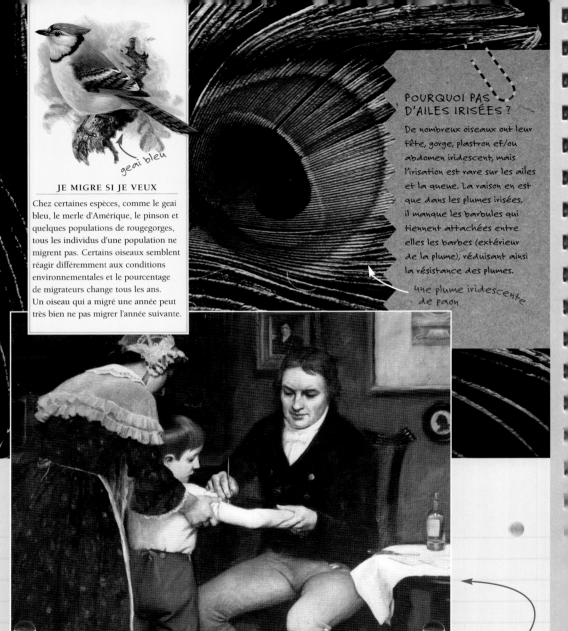

geai bleu

JE MIGRE SI JE VEUX

Chez certaines espèces, comme le geai bleu, le merle d'Amérique, le pinson et quelques populations de rougegorges, tous les individus d'une population ne migrent pas. Certains oiseaux semblent réagir différemment aux conditions environnementales et le pourcentage de migrateurs change tous les ans. Un oiseau qui a migré une année peut très bien ne pas migrer l'année suivante.

POURQUOI PAS D'AILES IRISÉES ?

De nombreux oiseaux ont leur tête, gorge, plastron et/ou abdomen iridescent, mais l'irisation est rare sur les ailes et la queue. La raison en est que dans les plumes irisées, il manque les barbules qui tiennent attachées entre elles les barbes (extérieur de la plume), réduisant ainsi la résistance des plumes.

une plume iridescente de paon

Il étudia les martinets

Edward Jenner, inventeur du premier vaccin contre la variole, étudia aussi les martinets dans le sud-ouest de l'Angleterre. Il en captura douze, auxquels il rogna les doigts pour les reconnaître au cas où on les retrouverait. Sept ans plus tard, son chat rapporta l'un de ces martinets à la maison.

l'inventeur du vaccin contre la variole Edward Jenner étudia aussi les martinets

OISEAUX
À L'OUÏE FINE

Une étude sur les mésanges à tête noire, dans laquelle leurs chants étaient enregistrés, modifiés puis rejoués à d'autres oiseaux, produisit les résultats suivants :

❀ Si on augmentait la hauteur (voix plus aiguë), les oiseaux répondaient normalement.

❀ Si on baissait la hauteur, les oiseaux l'ignoraient (les scientifiques se demandent si ce n'est pas parce que les oiseaux pensent que l'oiseau émetteur est plus gros).

❀ Si les espaces entre deux phrases sont raccourcis, les oiseaux réagissent normalement.

❀ Si ces espaces sont rallongés, les oiseaux ignorent le chant.

Ces changements étaient indétectables par l'oreille humaine, ce qui montre à quel point l'ouïe des oiseaux est précise.

des piquebœufs à bec rouge font du stop sur le dos d'une antilope

➤ Piquebœufs

Les piquebœufs sont des oiseaux africains qui se nourrissent sur le dos et le cou de grands mammifères comme les girafes, rhinocéros, buffles ou antilopes. Les oiseaux mangent les parasites comme les tiques, ce qui rend un appréciable service à ces grands mammifères. Ils mangent aussi les peaux mortes, la salive, le sang, la sueur. Des études récentes montrent que le sang est plus important que les tiques dans leur régime, et que le prélèvement de tiques sur les animaux pourrait ne pas être aussi significatif. Ce serait seulement une stratégie pour pousser les mammifères à accepter les oiseaux sur leur dos.

À RICHES FAUBOURGS, PLUS D'OISEAUX

Une étude portant sur les populations d'oiseaux des parcs péri-urbains de Phoenix, en Arizona, a montré qu'il y avait plus d'oiseaux de plus d'espèces dans les zones économiquement favorisées. Les parcs étudiés étaient comparables en structure, nombre d'arbres, etc. Les chercheurs n'ont pas trouvé d'explication pour l'instant…

la volonté de Mao d'éliminer les moineaux de Chine contribua à répandre la famine

On trouve le mésangeai du Canada (geai gris) dans tout le Canada et plus bas aux États-Unis le long des Rocheuses et de la chaîne de Cascade. Il stocke des baies, des insectes et des morceaux de carcasses d'orignaux ou d'autres animaux, pour son alimentation hivernale jusqu'au début du printemps. Ces éléments nutritifs sont congelés et restent donc frais jusqu'à utilisation. Le mésangeai niche plus tôt que les autres oiseaux grâce à cette réserve de nourriture, même lorsque la neige recouvre encore le sol. Malheureusement, à cause du réchauffement climatique, le dégel arrive plus tôt et la nourriture se gâte avant que les oiseaux puissent l'utiliser. Le problème se pose aujourd'hui dans la partie sud de l'aire de répartition, mais se décalera au nord avec l'augmentation des températures.

Mao et la "Guerre des moineaux"

En 1958, le Grand Timonier décida de débarrasser la Chine de ses moineaux pour sauver les moissons de blé, enrôlant les paysans pour effrayer les moineaux dans les champs afin qu'ils ne puissent plus se poser et finissent par mourir. Ce plan fonctionna à merveille : le sol était jonché de corps de moineaux et les paysans se faisaient fièrement prendre en photo près des tas de ces petits cadavres. L'année suivante la moisson fut excellente. Cependant les moineaux ne mangent pas seulement les grains, mais aussi les insectes qui mangent les grains. L'année d'après, une invasion de sauterelles dévasta la récolte et, au moins en partie à cause de la guerre des moineaux, le pays plongea dans la famine.

LE CANARI ROUGE

Les canaris ont toujours été des oiseaux très populaires. À la fin du xixe siècle on remarqua qu'en nourrissant les oiseaux avec du poivron rouge ils devenaient orange. Bien sûr, cela n'étant pas un caractère génétique, la couleur n'était pas transmise à la descendance. Dans les années 30, cependant, un canari rouge fut produit en croisant le chardonneret rouge, un oiseau noir et rouge, avec un serin des Canaries, un proche cousin.

NOM GENERIQUE DU MOINEAU DOMESTIQUE

House sparrow (Anglais)

Gorrión doméstico (Espagnol)

Haussperling (Allemand)

Gråspurv (Danois)

Passera europea (Italien)

Wróbel (Polonais)

Iesuzume (Japonais)

Huismus (Hollandais)

Pardal (Portugais)

la couleuvre Boiga irregularis est la cause de l'extinction de plusieurs espèces d'oiseaux dans l'île de Guam

FOLKLORE MÉDICAL DU XVIIIᵉ SIÈCLE

❖ La chair de l'aigle était utilisée pour traiter la goutte, la cervelle marinée au vin pour la jaunisse, et la vésicule biliaire pour le mal aux yeux.

❖ Les becs de balbuzards pêcheurs étaient utilisés contre les maux de dents : on piquait la gencive avec le bec, jusqu'à ce qu'elle saigne.

❖ La graisse d'oie était supposée soigner la calvitie et soulager la surdité, la paralysie, la claudication et les crampes.

❖ On faisait du baume à lèvres avec la glande uropygienne de l'ibis.

❖ Les cendres du corbeau étaient censées soigner l'épilepsie et la goutte.

❖ Les déjections de canari étaient utilisées pour soigner les morsures de chien.

❖ Le bégaiement devait disparaître en mangeant des œufs de moqueurs.

🐦 Les oiseaux de Guam

Le ptilope des Mariannes, le monarque de Guam, le rhipidure roux, le sucrier cardinal et autres oiseaux endémiques de Guam ont disparu dans les années 1940, lorsque le serpent *Boiga irregularis* colonisa l'île. Ces serpents originaires de Nouvelle-Guinée, du nord de l'Australie, de Malaisie et des îles Salomon ont sans doute débarqué avec les stocks de bois destinés à la reconstruction d'après-guerre.

Ce serpent n'ayant pas de prédateur, il s'est développé de manière exponentielle.

HOUU, ELLE EST FROIDE !

Les oiseaux qui se tiennent longtemps dans l'eau froide ou en milieu humide ont un mécanisme de la circulation sanguine capable de réduire la perte de chaleur par le corps. Le sang en provenance du cœur par les artères est chaud, tandis que le sang revenant des pattes est froid. Afin d'éviter que le sang froid n'envahisse le corps, il existe un "échangeur de chaleur", constitué d'un réseau d'artères et de veines étroitement entremêlées. Lorsque le sang froid remonte des pattes vers le corps, il est réchauffé par le sang plus chaud venant du cœur. Si ce système n'existait pas, c'est tout le corps qui se refroidirait.

les bernaches du Canada naviguent la nuit en se repérant aux étoiles →

🐦 Navigation aux étoiles

Beaucoup d'oiseaux se repèrent aux étoiles pendant leur migration.

✿ Par une nuit nuageuse les canards voleront sans but jusqu'à ce qu'ils percent les nuages pour rejoindre un ciel clair, et puissent alors voler dans la bonne direction. Si la lune est claire au point d'occulter les étoiles, ils deviennent incapables de s'orienter.

✿ Dans les années 1950, les ornithologues allemands Franz et Eleanore Sauer placèrent des fauvettes en cage dans un planétarium au moment de la migration d'automne. Les fauvettes s'orientèrent dans leur cage dans une certaine direction et le ciel nocturne fut tourné dans cette direction. On répéta ceci toutes les nuits pendant plusieurs semaines. Cette "migration virtuelle" montra que les oiseaux suivirent exactement le même chemin qu'ils auraient suivi s'ils avaient été libres, voyageant de l'Europe vers l'Afrique et même circulant autour de la Méditerranée. Ce fut la première mise en évidence de la navigation aux étoiles par les oiseaux.

ÉCHANGE DE BECS

Les becs proviennent tous des mêmes tissus d'embryons. Des scientifiques prélevèrent des œufs de canard et de caille de 36 heures et percèrent de petits trous dans les coquilles. Avec de fines aiguilles, ils échangèrent certaines cellules entre les embryons. Résultat : les canards développèrent de petits becs pointus de cailles, tandis que de larges becs de canard poussèrent aux cailles. La compréhension de ces mécanismes pourrait éclairer nos connaissances sur les tissus du visage humain.

les mêmes tissus d'embryon produisent tous les types de becs ↗

CHASSE AU TRÉSOR

Lancée en 1993, la chasse au trésor de la Chouette d'or, d'une valeur de 150 000 €, n'a toujours pas abouti, personne n'ayant réussi à résoudre la série d'énigmes conduisant à elle. Elle est toujours enfouie quelque part en France

traitez votre nichoir en bois avec une peinture sans plomb ou à l'huile de lin

TRUCS POUR VOTRE NICHOIR

❖ Installez votre nichoir bien avant la saison des amours au printemps. Des oiseaux pourront ainsi y dormir.

❖ Placez le nichoir au sommet d'un solide poteau, perpendiculairement au vent dominant. Assurez-vous que l'ouverture ne soit pas orientée au sud, les jeunes oiseaux auraient trop chaud en été.

❖ Les nichoirs, faits en bois, sont soumis aux caprices de la météo. Il faudra donc traiter le bois pour le protéger. Utilisez une peinture non toxique, sans plomb, ou un conservateur comme l'huile de lin. Peignez seulement l'extérieur – les jeunes oiseaux peuvent picorer les murs intérieurs et ingérer des fibres de bois. Peignez ou teintez dans une couleur naturelle qui se fondra dans l'environnement et sera moins repérable par les prédateurs.

❖ Nettoyez le nichoir à la fin de chaque saison. Un toit rabattable sur charnières facilitera l'opération.

❖ Utilisez une dimension d'ouverture adaptée et placez le nichoir dans un habitat correspondant aux oiseaux que vous voulez attirer. Séparez les nichoirs entre eux de 7 à 8 m environ.

LA TOUR AUX OISEAUX

Le roi Charles II jugea qu'il devait toujours y avoir six corbeaux à la Tour de Londres, si bien que les corbeaux y ont prospéré pendant 350 ans, devenant le symbole de la santé de la monarchie. La légende veut que si les corbeaux quittaient la tour ou mouraient, le royaume tomberait. Les corbeaux ont dû faire face à bien des vicissitudes au cours des années, y compris les bombardements de la Seconde Guerre mondiale, les hivers glacials et plus récemment la menace de la grippe aviaire. Bien sûr, ils ont les ailes éjointées pour éviter qu'ils ne s'envolent.

DORTOIR

Le soir venu de grands groupes d'étourneaux, d'hirondelles et d'autres espèces choisissent de dormir ensemble dans des roselières, des buissons ou des arbres. Cela fait plus d'yeux pour détecter les prédateurs.

six corbeaux au moins doivent habiter la Tour de Londres, ou la monarchie tomberait

une perruche mâle

COMMENT DISTINGUER UNE PERRUCHE MÂLE DE LA FEMELLE

Le sexe de la perruche se reconnaît à la couleur de la cire du bec, la chair à la base du bec autour des narines. Elle est bleue chez les mâles et varie chez les femelles du rose au marron clair ou brun.

LA PLUS GRANDE FAMILLE D'OISEAUX

La famille qui compte le plus grand nombre d'espèces (310) est celle des tyrannidae, des passereaux américains.

COLONISATION ACCIDENTELLE

En 1937, lors de leur migration à travers la mer du Nord, un groupe de grives litornes fut détourné par une tempête et échoua au Groenland. Les oiseaux s'y établirent et devinrent non migrateurs.

GRAND DUDUCHE : LE PASSEREAU LE PLUS IMPOSANT EST LE GRAND CORBEAU, QUI PEUT PESER JUSQU'À 1,5 KG.

la bernache du Canada peut maintenir sa trajectoire et sa vitesse contre le vent

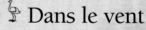

Dans le vent

Bien que des oiseaux puissent être occasionnellement déroutés ou emportés par les vents, des études portant sur des bernaches du Canada ont montré qu'elles étaient capables de maintenir une trajectoire et une vitesse au sol constantes, en compensant les variations de direction et de vitesse du vent.

QUELS OISEAUX DANS LES NICHOIRS

Voici quelques oiseaux qui fréquentent les nichoirs :

Canards carolins

Garrots à œil d'or

Garrots albéoles

Harles couronnés

Harles bièvres

Harles huppés

Chouettes de l'Oural

Chevêchettes

Chouettes hulottes

Chouettes de Tengmalm

Faucons crécerelles

Pics

Colombes

Choucas

Hirondelles bicolores

Hirondelles de fenêtre

Mésanges

Martinets

Sittelles

Troglodytes

Merlebleus

Étourneaux

Moineaux domestiques

Moineaux friquets

Gobe-mouches

Rougegorges

MALADIES INFECTIEUSES DES OISEAUX DU JARDIN

❖ Salmonellose

❖ Colibacillose

❖ Yersiniose

❖ Pasteurellose

❖ Chlamydiose (aussi appelée ornithose ou psittacose)

❖ Trichomoniase

❖ Variole aviaire

❖ Aspergillose

SENS OPPOSES

❖ Un pigeon est celui qui *se fait pigeonner*, se fait voler.

❖ À l'inverse, l'expression anglaise *Stool pigeon* désigne un "indic", celui qui donne des informations sur les malfaiteurs. L'expression dérive du vieux français *estale* ou *estal*, qui était un leurre utilisé pour prendre un faucon au filet.

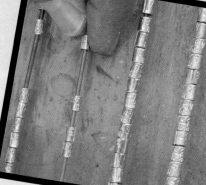

bagues utilisées pour identifier les oiseaux migrateurs

Baguage

Le baguage d'un oiseau consiste à lui attacher à la patte une bague métallique numérotée servant à l'identifier. Dans la mesure où le baguage nécessite de capturer les oiseaux et de les manipuler, il doit s'effectuer sous contrôle. Au Canada, le baguage des oiseaux s'effectue depuis 1923. C'est le Bureau de baguage des oiseaux du Centre national de la recherche faunique (Service canadien de la faune, Environnement Canada) qui effectue la formation des bagueurs et rassemble l'information collectée sur les oiseaux migrateurs. Les oiseaux ne connaissent pas de frontières, des programmes internationaux ont été mis en place, tels que le Bird Banding Laboratory (The North American Bird Banding Program) et l'European Union for Bird Ringing, pour centraliser les données.

LE PENIS LE PLUS LONG

La plupart des oiseaux n'ont pas de pénis, mais le gibier d'eau et quelques autres en ont. L'érismature ornée a un pénis de 42,5 cm de long – à peu près aussi long que son corps.

les collections d'œufs ont causé du tort aux populations d'oiseaux

Collections interdites

Au XIXe siècle, les collections d'œufs d'oiseaux, réalisées dans des buts à la fois scientifiques et ludiques, étaient fort appréciées. Des collectionneurs privés et des groupes, comme les troupes de scouts, recueillaient, échangeaient et exposaient les œufs, exactement comme le font aujourd'hui les philatélistes pour les timbres. Un journal pour collectionneurs, *The Oologist*, présentait l'actualité de cette passion, et offrait des œufs à la vente et à l'échange. Cependant, vers la fin du siècle, on commença à réaliser que ces collections d'œufs représentaient une agression contre les populations d'oiseaux. Les œufs de l'eider (ou canard) du Labrador ont été collectés en de telles quantités au Québec et au Labrador que la population déclina jusqu'à l'extinction dans les années 1870. Aujourd'hui, récolter des œufs est interdit.

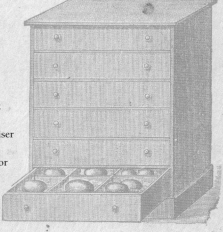

CHIC ET CHOC

Les oiseaux passent continuellement leur bec sur leurs plumes pour s'assurer que toutes les barbes de chaque plume tiennent bien ensemble. Presque tous les oiseaux possèdent une paire de glandes, appelées glandes uropygiennes, situées de part et d'autre du croupion. Ces glandes produisent un mélange de graisse, d'huile et de cire. Pour imperméabiliser et hydrater leurs plumes, et sans doute aussi pour dissuader les parasites, les oiseaux utilisent leur bec pour récupérer cette lotion issue de leurs glandes uropygiennes, puis pour l'étaler sur leurs plumes.

les marques dans le bec et le comportement de "quémandage" sont des stimulis incitant au nourrissage des petits

GOSIER QUÉMANDEUR

Beaucoup de jeunes oiseaux ont des marques distinctives dans la cavité buccale – sur leur langue, le palais et les bords du bec – certaines très colorées et frappantes. Ces marques, ainsi que le comportement de "quémandage", sont des stimulis incitant les parents à nourrir les petits.

la plupart des oiseaux ont des glandes uropygiennes sur le croupion

une broche à longue queue

les couleurs iridescentes du paon résultent de la manière dont les plumes réfléchissent ou non les ondes lumineuses

LES PLUMES LES PLUS LONGUES

Les plus longues plumes d'oiseaux sauvages sont celles de l'argus ocellé, un faisan dont les plumes centrales de la queue font 12 cm de large et jusqu'à 1,80 m de long.

l'énorme bec du toucan pèse moins que ses plumes

COULEURS DE PLUMES

✿ Les couleurs des plumes découlent de deux sources : les pigments et la structure.

✿ Brun, gris, jaune, noir, marron clair, orange et couleurs proches sont dus à des pigments dans les plumes.

✿ La famille des touracos d'Afrique contient des pigments rouges et verts cuivrés qu'on ne trouve chez aucun autre animal. Chez d'autres oiseaux, différents pigments combinés avec la réfraction de la lumière produisent des couleurs similaires.

✿ Le bleu, le vert perroquet, le blanc, le rouge métallique et l'iridescence sont produits par la structure de la plume. Pour la couleur bleue, des granules bruns dans les barbes diffusent la lumière : les longueurs d'onde du jaune et du rouge passent à travers les granules, alors que le bleu est réfléchi.

✿ Observez la plume d'un oiseau bleu – geai, mésange bleue ou martin-pêcheur, par exemple. Elle vous apparaît bleue. Maintenant tenez la plume en l'air et regardez à travers ; elle apparaîtra brune.

POIDS PLUME

Cela dépend de l'oiseau, mais en dehors des périodes de migration (pendant lesquels l'oiseau stocke des réserves d'énergie sous forme de graisses), le poids d'un oiseau est en général distribué ainsi :

1 Le poids des plumes est de l'ordre de 25 % du poids de l'oiseau.

2 Un oiseau a environ 175 muscles, qui représentent à peu près 50 % de son poids. La moitié de ce poids réside dans les muscles destinés au vol – les pectoraux et les supra-coracoïdaux (muscles du thorax).

3 Les 25 % restants sont constitués par les organes, le sang et le squelette.

gravure sur bois d'un grèbe
par Conrad Gesner, extraite
de Historiae Animalium (XVIᵉ siècle)

🐦 Mangeur de plumes

Les grèbes sont les seuls oiseaux qui mangent
leurs propres plumes, en général arrachées
du thorax et de l'abdomen. Les plumes font
une boule dans l'estomac, où elles sont
partiellement digérées et mélangées à la nourriture,
formant ainsi un bol alimentaire qui sera finalement
régurgité. Cette habitude sert à protéger les intestins
des arêtes de poissons difficiles à digérer. Les parents
donnent même à manger des plumes à leurs petits.

CONCOURS DE POIDS

✿ Les plumes les plus légères d'un oiseau sont appelées
les filoplumes. Se trouvant à même la peau de l'oiseau,
une centaine d'entre elles peuvent peser à peine 1 g.
Elles ont pour fonction de permettre de ressentir
la position des autres plumes lors du vol.

✿ Les plumes les plus lourdes sur un oiseau sont
les plumes de vol – les rémiges primaires sur l'extérieur
de l'aile qui créent la propulsion, et les rémiges
secondaires sur l'intérieur de l'aile qui permettent
la sustentation. Leur rachis est épais et rigide pour
résister à la pression de l'air battu. L'ensemble des rémiges
primaires pèsent autant que toutes
les autres plumes de l'oiseau.

UN PAON ALBINOS ? AVEC SES
YEUX BLEUS PLUTÔT QUE ROSES,
LE PAON BLANC N'EST PAS ALBINOS,
MAIS UNE VARIÉTÉ BLANCHE
DU PAON BLEU.

XYZ

Les mammifères,
dont les humains, ont
des chromosomes X et Y.
La femelle possède 2
chromosomes X, le mâle un
chromosome X et un chromosome Y.
Les oiseaux ont des chromosomes
W et Z, WZ pour la femelle et ZZ
pour le mâle.

Pygargues en Alaska

Environ la moitié des 70 000 pygargues à tête blanche
du monde vivent en Alaska. Plus de 100 000 pygargues
furent tués en Alaska de 1917
à 1953 car les pêcheurs
pensaient qu'ils
menaçaient les
saumons.

la plus importante population de pygargues vit en Alaska

Tout le monde connaît le piaf,
nom familier d'un oiseau, et plus
particulièrement du moineau.
Les ornithologues ont pris
l'habitude de désigner certains
oiseaux par leur diminutif :

cormo	cormoran
catma	plongeon catamarin
casta	grèbe castagneux
gypa	gypaète barbu
balbu	balbuzard pêcheur
bv	bécasseau variable
bqn	barge à queue noire
trida	mouette tridactyle
troglo	troglodyte mignon
cisti	cisticole des joncs
pgs	pouillot à grands sourcils
mlq	mésange à longue queue
sturne	étourneau
chardo	chardonneret
goél	goéland

ALTITUDE DE MIGRATION

*Le suivi des oiseaux au radar a montré que 95 %
des vols de migration avaient lieu à moins
de 3 000 m d'altitude, la plupart des oiseaux
volant en dessous de 1 000 m.*

◤ Triplex avec vue

✿ L'ombrette africaine, endémique de l'Afrique du Sud et de l'Afrique centrale, est célèbre pour son énorme nid, une structure à trois niveaux pouvant mesurer jusqu'à 2 m de haut et 2 m de large, pesant environ 50 kg.

✿ Construit en brindilles et en terre, le nid peut comprendre jusqu'à 8 000 pièces. Il est fermé par un toit orné d'une collection d'objets – plumes, mues de serpents et divers objets d'origine humaine.

✿ Le nid est assez solide pour supporter le poids d'un homme – un tour de force pour la plus petite "cigogne" du continent.

✿ Un couple peut construire 3 à 5 nids par an, restant rarement dans le même nid plus de quelques mois. Tout se passe comme si la construction des nids avait pour fonction de cimenter les liens du couple.

l'énorme nid de l'ombrette africaine aide à cimenter le couple

deux grands pingouins peints au XIXᵉ siècle par l'ornithologue John James Audubon

LE GRAND PINGOUIN
C'est une sorte de symbole de l'extinction des oiseaux : incapable de voler, le grand pingouin a disparu le 3 juin 1844, à cause de collectionneurs. Deux grands pingouins adultes de l'île d'Eldey, en Islande, furent capturés et tués. L'histoire dit qu'un troisième collectionneur fut déçu de ne pas en trouver un pour lui. Les adultes étaient en train de couver un œuf – certainement le dernier œuf jamais pondu par cette espèce.

FORMES D'ŒUFS

❖ Les œufs d'oiseaux se présentent sous plusieurs formes. Certains sont plus pointus, d'autres plus ronds. La forme est déterminée par la structure interne de la femelle.

❖ Aristote crut voir que les œufs pointus produisaient des femelles et les ronds des mâles, ce qui est faux.

❖ La forme typique d'un œuf peut être modifiée par l'environnement. Par exemple, les quelques espèces d'oiseaux marins appelés guillemots pondent leurs œufs sur les vires des falaises. Les œufs sont très pointus à une extrémité, comme un triangle. Bousculé, un œuf aura tendance à simplement effectuer un arc de cercle autour de sa pointe, au lieu de rouler et tomber de la falaise.

❖ Les œufs d'émeus sont pointus aux deux extrémités.

œuf de caille

74

les républicains sociaux nichent en grandes colonies pour mettre en échec les prédateurs

Nicher en colonies

Une des raisons pour nicher ou dormir en grandes colonies, comme par exemple celles des oiseaux marins, est de surpasser les prédateurs dans la zone. Plus grande sera la colonie, plus petite sera la proportion d'oiseaux mangés. Les républicains sociaux d'Afrique coopèrent pour construire un grand nid communautaire qui les protège des prédateurs et du climat. Ces nids sont si résistants qu'ils peuvent servir à plus de cent générations.

MIEUX QUE LE RADAR les grèbes élégants, hivernant au large, se nourrissent la nuit en repérant les traces phosphorescentes laissées par les poissons à travers le plancton bioluminescent

LE VOL STATIONNAIRE DES COLIBRIS

Pendant longtemps on a considéré que les colibris produisaient une poussée verticale équivalente dans les battements d'ailes montants et descendants. Des mesures sophistiquées et des photographies à très haute vitesse de colibris en vol stationnaire dans une atmosphère de très fines gouttelettes d'huile d'olive ont montré que le battement descendant fournissait 75 % de la poussée.

le battement descendant des ailes fournit la majeure partie de la poussée qui permet le vol stationnaire du colibri

Pas bon pour la ligne

✿ Les oiseaux de rivage, parmi les plus grands migrateurs, se préparent pour la migration en développant leurs muscles de vol et en faisant des réserves de graisse.

✿ La graisse peut représenter un tiers et jusqu'à la moitié du poids d'un oiseau de rivage migrateur. Le bécasseau sanderling, par exemple, peut doubler son poids, de 60 à 120 g, avant la migration, les réserves de graisse constituant la majeure partie de ce poids.

✿ La graisse en réserve fournira de l'énergie pour le voyage, souvent long de plusieurs milliers de kilomètres.

DERRIERE LES FOURMIS

Il y a quelque 200 espèces d'oiseaux à fourmis (Formicaridés) sous les tropiques du Nouveau-Monde. Tous mangent principalement des arthropodes. Certains se trouvent uniquement en association avec des groupes de fourmis légionnaires. Les oiseaux mangent les arthropodes chassés par les colonnes de fourmis. Ces fourmis légionnaires américaines sont similaires aux fourmis magnans africaines : dans les deux cas, des oiseaux subsistent en capturant des arthropodes fuyant les fourmis.

SEPT SIGNES DE MALADIE CHEZ UN OISEAU DOMESTIQUE

1 Plumes hérissées

2 Perte d'appétit

3 Perte de poids

4 Changement d'apparence des déjections

5 Narines ou yeux qui coulent

6 Ailes pendantes

7 Longs sommeils

Un couple de diamants en bonne santé dans leur cage

Fort et silencieux, je suis le vautour percnoptère, pour vous servir...

VAUTOURS SILENCIEUX

Les vautours n'ont pas de syrinx, l'organe produisant le son présent chez la plupart des oiseaux. Ils sont donc silencieux, bien qu'ils puissent émettre chuintements ou sifflements lorsqu'ils sont dérangés.

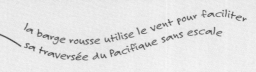

la barge rousse utilise le vent pour faciliter sa traversée du Pacifique sans escale

PACIFIQUE NORD

PACIFIQUE SUD

La plus longue migration sans escale

La barge rousse est un grand échassier qui se reproduit en Alaska et vole non-stop du nord-ouest de l'Alaska à la Nouvelle-Zélande et à l'Australie, traversant le Pacifique sur 11 000 km. L'oiseau est incapable de se poser sur la mer, si bien que cette migration s'effectue en 4 à 5 jours de vol sans escale. Une des raisons qui rendent possible ce vol record est que la migration commence à une époque où se lèvent de forts vents du nord – de 100 à 140 km/h – qui se forment au niveau des îles Aléoutiennes et donnent ainsi un bon coup de pouce initial à ce vol remarquable.

OISEAU LE PLUS ABONDANT: UN BON CANDIDAT AU TITRE EST LE TRAVAILLEUR À BEC ROUGE D'AFRIQUE, AVEC UNE POPULATION DE 1,5 MILLIARD D'INDIVIDUS.

UN AUTRE LIEN AVEC LES REPTILES

Les oiseaux ont dans l'œil, une structure très vascularisée (qui contient de nombreux vaisseaux sanguins) appelée pecten, ou peigne, que seuls les reptiles possèdent également. Cette structure très plissée, qui est un prolongement de la rétine, aurait pour fonction de fournir des nutriments à l'œil. Les prédateurs comme les aigles ont le pecten le plus développé.

POURQUOI CERTAINS OISEAUX SE TIENNENT-ILS SUR UNE PATTE ?

La principale raison est la conservation de la chaleur corporelle, particulièrement dans le cas des échassiers se tenant dans une eau fraîche ou froide. Relever une patte sous les plumes conserve en effet l'énergie. Pour la même raison, les échassiers comme les canards tournent le tête et enfouissent leur bec sous les plumes de leur dos ou sous leurs ailes. Les grèbes peuvent même remonter leurs pattes sur leur dos ou sous leurs ailes lorsqu'ils flottent.

ces bernaches du Canada se tiennent sur une patte pour conserver leur chaleur corporelle

ÉQUILIBRE PRÉCAIRE

Une croyance populaire voudrait qu'on ne puisse faire tenir un œuf en équilibre sur son gros bout qu'au moment de l'équinoxe de printemps. Eh bien non ! Phil Spott a battu un record du monde en faisant tenir 439 œufs en équilibre en même temps, et ce n'était même pas l'équinoxe.

POUR LA VITESSE ET L'ENDURANCE

Les indiens Hopi attachaient des plumes de géocoucou à la queue de leurs chevaux pour leur donner vitesse et endurance.

CLIM À BORD

Lors des périodes de fortes chaleurs, les géocoucous des zones arides de l'Ouest américain s'accroupissent au sol, les ailes déployées et la couche extérieure des plumes relevée pour permettre une circulation d'air qui les rafraîchiront.

bip-bip, bip-bip, bip-bip

Les Oiseaux

Le célèbre film d'Alfred Hitchcock *Les Oiseaux* montrait des milliers d'oiseaux attaquant les humains. On dit que le cinéaste fut inspiré par un fait divers de 1961, dans lequel des oiseaux marins s'en prirent aux habitants terrifiés de Monterey Bay, en Californie. Des études récentes ont montré que les oiseaux souffraient des effets d'une intoxication par le plancton.

le film d'Alfred Hitchcock *Les Oiseaux* fut inspiré par un fait divers en Californie

CLASSIFICATION DES OISEAUX (ORDRE)

par C.G. Sibley et B.L. Monroe

Struthioniformes autruches, émeus, kiwis et alliés

Tinamiformes tinamous

Podicipédiformes grèbes

Sphénisciformes manchots

Gaviiformes plongeons

Procellariiformes albatros, pétrels et alliés

Pélécaniformes pélicans et alliés

Ciconiiformes cigognes et alliés

Phoenicoptériformes flamants

Ansériformes canards, oies

Falconiformes aigles, vautours, éperviers, buses et alliés

Galliformes faisans et alliés

Turniciformes turnix

Gruiformes grues et alliés

Charadriiformes pluviers, mouettes et alliés

Ptéroclidiformes gangas

Columbiformes pigeons colombes, tourterelles et alliés

Psittaciformes perroquets, perruches et alliés

suite de la liste page 78

LES INCUBATEURS ÉGYPTIENS

Au IVᵉ siècle av. J.-C., les Égyptiens ont produit des poulets en masse, peut-être pour pouvoir nourrir tous ceux qui travaillaient sur les pyramides. Ils inventèrent un prodécé d'incubation artificielle et produisirent 15 à 20 millions de jeunes oiseaux par an.

Sept trucs pour installer une mangeoire

1 Utilisez différentes graines pour attirer différents oiseaux. Il est particulièrement important de séparer les grands et les petits oiseaux.

2 Installez la mangeoire en vue de la maison, mais pas trop près, notamment des fenêtres.

3 Placez-la près de buissons, de haies ou d'arbres où ils pourront s'abriter s'ils perçoivent un danger.

4 Placez-la suffisamment haut pour que les chats du voisinage ne puissent l'atteindre.

5 Plantez des plantes à graines comme des tournesols ou des zinnias près des mangeoires pour attirer les oiseaux.

6 Un point d'eau dans les environs est important.

7 Gardez la mangeoire propre et la nourriture sèche.

PAS L'AMI D'ANI

L'ani à bec cannelé d'Amérique centrale, 30 cm de long et cousin du coucou, est la proie de chauves-souris carnivores

LA PREMIÈRE MANGEOIRE À OISEAU

Au XIXᵉ siècle, un ornithologue anglais du nom de Dovaston installa la première mangeoire sur le rebord de sa fenêtre. Cette mangeoire nourrit finalement 23 espèces d'oiseaux.

mangeoire-tube

classification des oiseaux – suite de la page 77

Coliiformes colious

Musophagiformes touracos

Cuculiformes coucous

Strigiformes hiboux et alliés

Caprimulgiformes engoulevents et alliés

Apodiformes martinets, colibris

Trogoniformes trogons

Coraciiformes martins-pêcheurs et alliés

Bucérotiformes calaos

Upupiformes irisors

Piciformes pics et alliés

Passériformes passereaux

KIWIS

Les kiwis de Nouvelle-Zélande sont des oiseaux étranges. Animaux nocturnes, ils ne voient pas bien, mais leur ouïe et leur odorat sont très développés. Leurs oreilles sont grandes et leurs narines se trouvent au bout d'un long bec de 18 cm qu'ils utilisent pour renifler et sentir les vers. Une fois leurs proies localisées, les kiwis les attrapent comme avec des pinces à épiler. Les longs poils sur le côté du bec, appelés vibrisses, servent de capteurs.

les narines du kiwi se trouvent à l'extrémité de son bec, une particularité rare

les petits oiseaux doivent manger proportionnellement plus que les grands pour conserver leur chaleur

Digestion d'autruche

❖ Les intestins de l'autruche mesurent 14 m de long, ce qui leur permet de digérer une grande variété de choses.

❖ Les autruches sont connues pour ingérer boutons, bagues, montres et toutes sortes de petits objets, au risque de se blesser.

❖ Elles tirent l'eau de la consommation de plantes succulentes, et n'ont pas besoin de boire.

UN APPETIT D'OISEAU

✿ Les oiseaux, animaux à sang chaud, consomment de l'énergie pour réchauffer leur sang aussi bien que pour la vie de tous les jours. De fait, 20 % de l'énergie d'un oiseau sont utilisés pour maintenir sa température.

✿ Plus l'oiseau est petit, plus il consommera de l'énergie par rapport à son poids. Les petits oiseaux mangent donc proportionnellement plus que les grands oiseaux.

✿ Un moineau domestique pesant 30 g devrait manger 136 graines de citrouille par jour pour survivre, soit un peu moins de 15 g, la moitié de son poids. Si un homme de 72 kg mangeait comme cela, il lui faudrait 36 kg de nourriture par jour !

✿ Les petits oiseaux doivent manger beaucoup, particulièrement par temps froid. Ils ne peuvent survivre qu'un seul jour sans manger, tandis que les grands oiseaux peuvent tenir une semaine ou plus.

les autruches mangent de drôles de trucs

SPECIALISTES DES CHENILLES

Les coucous adorent les chenilles, surtout les plus colorées, les plus velues, les plus horribles, qui sont délaissées par les autres oiseaux.

beaucoup d'oiseaux aiment le bon millet, mais les coucous aiment les affreuses chenilles

POISSONS NOYEURS D'OISEAUX

Les balbuzards pêcheurs sont connus pour leur habileté à attraper des poissons. Leurs serres sont si longues qu'ils ne peuvent marcher au sol, mais elles leur permettent de tenir de grosses proies. L'oiseau possède aussi des aspérités sous les doigts qui l'aident à maintenir les poissons glissants. Dans un lac en Allemagne, on a trouvé une carpe avec le squelette d'un balbuzard attaché à elle.

Un pêcheur extraordinaire : un balbuzard et sa prise

CAFÉIERS BONS POUR LES OISEAUX

Traditionnellement, on trouve les plantations de café à l'ombre d'autres arbres de la forêt tropicale, mais les plantations récentes sont installées en plein soleil pour de meilleurs rendements, ce qui fournit un habitat moins propice aux oiseaux. Les plantations à l'ombre, de même que les forêts primaires, sont importantes pour la protection des oiseaux, tant nicheurs que migrateurs.

PLANTES POISONS POUR LES OISEAUX DOMESTIQUES

Toutes les fleurs issues de bulbes

Amaryllis

Pépins de pomme

Noyaux d'abricot et de pêche

Dieffenbachia

Hortensia

Iris

Lierre

Laurier-rose

Philodendron

Poinsettia

Pommes de terre

Rhubarbe

Un combat de coqs dans une gravure du XVIIIe siècle

Combats de coqs

Le combat de coqs est un sport dans lequel deux oiseaux ou plus, spécialement dressés, sont placés dans une enceinte afin qu'ils se battent, pour des raisons purement de loisir.

Un combat de coqs, qui peut durer de quelques minutes à une demi-heure, se conclut en général par la mort de l'un des deux oiseaux. Historiquement, ces combats étaient une alternative à des batailles bien réelles. Ils ont pu aussi trouver leur origine dans des cérémonies religieuses comportant des poulets. Il est établi, cependant, que l'usage alimentaire des poulets est plus ancien.

COMMENT FONT LES PICS POUR N'AVOIR PAS MAL À LA TÊTE

1 Les pics ont de forts muscles du cou, des doigts disposés en X (deux devant et deux derrière) et une queue robuste, ce qui leur permet de grimper et de tenir ferme au tronc d'arbre lorsqu'ils en frappent l'écorce.

2 Les pics ont un mécanisme absorbeur de chocs dans le crâne qui permet aux os des mandibules de se désolidariser de ceux entourant le cerveau au moment de la frappe.

3 En outre, leur cerveau peut supporter des chocs dix fois supérieurs à celui des humains, relativement à leur taille.

4 Le bec est constitué d'os recouvert d'une couche de kératine qui pousse continuellement.

5 Plus ils frappent fort, plus leurs côtes se renforcent.

mal à la tête, moi? jamais!

L'OISEAU DOCTEUR

Le colibri hirondelle de Jamaïque est parfois appelé l'oiseau docteur. Sa crête noire et sa longue queue fendue ressemblent au haut-de-forme et à l'habit des anciens médecins.

NOURRIR LES PETITS : UN DUR MÉTIER

❖ La mésange charbonnière peut faire jusqu'à 1 000 voyages par jour pour nourrir ses petits.

❖ Le merle d'Amérique fait 400 voyages par jour.

❖ L'hirondelle rustique peut faire 1 200 visites par jour.

❖ On a observé un couple de todiers de Porto-Rico apportant 280 proies à leurs deux petits, tandis qu'un autre couple en a apporté 420 à un nid de trois.

EST-CE QU'IL VA PLEUVOIR ?

❖ Dans les anciens almanachs, l'arrivée du rougegorge était un signe de pluie.

❖ Un autre signe de pluie prochaine est le chant de la grive draine, qui chante plus fort avant la pluie.

❖ Le comportement de l'hirondelle plongeant ses ailes dans l'eau est également supposé annoncer la pluie.

❖ Selon les croyances des Indiens d'Amérique, les moineaux prédisent la pluie s'ils jouent au sol et un temps sec s'ils jouent dans l'eau.

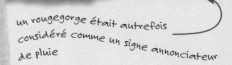

un rougegorge était autrefois considéré comme un signe annonciateur de pluie

la harpie féroce
dans une posture
d'agression

DE LOURDES PROIES

✿ On dit parfois que l'aigle royal ou le pygargue à tête blanche peuvent enlever des agneaux ou d'autres jeunes animaux. L'aigle royal pèse jusqu'à 6 kg et le pygargue 7 kg. Bien qu'ils puissent soulever jusqu'à la moitié de leur poids, ils prennent en réalité des proies bi... plus légères que cela.

✿ L'aigle royal prend typiquement des proies de 1 kg. Il n'est pas impossible qu'il s'attaque à un agneau nouveau-né ou même à un animal adulte, mais le danger potentiel qu'il représenterait vis-à-vis du bétail est très exagéré.

✿ La proie la plus lourde qui aurait été jamais été portée par un oiseau serait un singe de 7 kg, emporté par une harpie féroce en 1990 au Pérou. La harpie féroce est l'un des oiseaux de proie les plus puissants. La femelle la plus lourde peut peser plus de 8 kg.

les perroquets ont un bec recourbé, très caractéristique

Becs et becs

Il existe une grande variété de formes dans le bec des oiseaux, qui correspondent toujours à des adaptations au mode d'alimentation. Les perroquets, faucons, aigles, vautours, ont des becs recourbés vers le bas pour déchirer les fruits ou la viande, tandis que d'autres oiseaux ont des becs fins et pointus pour attraper de petits insectes ou picorer graines et baies.

FAUSSE ROUTE MAGNÉTIQUE

Dans les années 1970, le biologiste américain William Keeton plaça des barres en laiton sur le dos de pigeons voyageurs et des barres en acier aimanté sur le dos d'autres pigeons. Ceux avec les aimants avaient plus de difficulté à rentrer au nid que ceux équipés de laiton. Cela serait une indication que les oiseaux se repèrent aux lignes du champ magnétique terrestre pour naviguer – lequel était faussé par l'aimant.

certains oiseaux utiliseraient le magnétisme terrestre pour se repérer

LA TERREUR DES PAMPAS

Haut de plus de 3 m, Titanis walleri fut le plus grand oiseau prédateur de tous les temps. Apparenté à l'actuelle famille des grues, il vivait dans les pampas d'Amérique du Sud, pourchassant ses proies à 70 km/h.

un Titanis walleri dessiné en 1901 par Charles R. Knight

PERROQUETS EN CADEAU

Dans l'Europe médiévale, les animaux exotiques étaient des symboles de marque royale et de prospérité. À son retour du Nouveau-Monde, Christophe Colomb rapporta en Espagne un couple d'amazones de Cuba pour la reine Isabelle.

Christophe Colomb, explorateur et trafiquant d'oiseaux exotiques

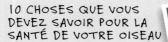

10 CHOSES QUE VOUS DEVEZ SAVOIR POUR LA SANTÉ DE VOTRE OISEAU

1 Donnez-lui une grande cage avec des perchoirs adaptés.

2 Installez la cage loin des courants d'air, des autres animaux, des plantes vertes et des lieux passants de la maison.

3 Maintenez la cage propre, changez régulièrement l'eau et la nourriture.

4 Donnez-lui un régime varié et sain.

5 Ne laissez pas entrer dans la cage des objets potentiellement dangereux.

6 Rognez ailes et ongles si nécessaire.

7 Fermez portes et fenêtres lorsque l'oiseau est sorti de sa cage.

8 Surveillez les activités de l'oiseau lorsqu'il est hors de sa cage.

9 Lorsque vous partez, laissez la radio ou la télévision allumée pour ne pas qu'il s'ennuie.

10 Trouvez un bon vétérinaire qui ait une véritable expérience des oiseaux.

Je sais que tu peux m'entendre sans tourner la tête

Où sont leurs oreilles ?

Les oreilles des oiseaux sont placées au même endroit que les nôtres, de chaque côté de la tête derrière les yeux. Ce sont de simples trous dans la peau et le crâne ; les aigrettes des hiboux ressemblent à des oreilles mais n'en sont pas. Les hiboux, qui dépendent plus de leur ouïe que les oiseaux diurnes, ont l'ouïe plus fine. Une des raisons est que leur disposition est asymétrique, l'une étant positionnée plus haut sur la tête que l'autre. Résultat, chaque oreille entend les sons différemment, ce qui permet une localisation plus précise. Les oreilles humaines, qui sont symétriques, ne peuvent localiser des sons provenant directement d'en face, du dessus, ou de derrière la tête. C'est pourquoi nous devons tourner la tête pour mieux localiser certains sons (ce que font aussi les hiboux).

une perruche en bonne santé

IMPORTATEUR D'OISEAUX

Un Allemand du nom de Andrew Erkenbrecher, qui avait émigré aux États-Unis et fait fortune, voulut retrouver les oiseaux de son pays natal qui lui manquaient tant. Au milieu des années 1880, Erkenbrecher organisa l'importation de 4 000 oiseaux européens aux États-Unis pour une somme de 9 000 $. Parmi ceux-ci, on trouvait des grives musiciennes, des râles des genêts, des chardonnerets, des rossignols et même des moineaux et des étourneaux. Erkenbrecher acclimata les oiseaux dans un vieux manoir et finalement les relâcha, sans aucune idée des dégâts écologiques que cela pourrait occasionner. Seuls les moineaux et les étourneaux survécurent.

LES JARDINIERS

❀ Les jardiniers d'Australie usent d'objets élaborés plutôt que de leur plumage pour attirer un partenaire. Leur "berceau", qui n'est pas un nid, est construit avec des brindilles, des feuilles et de la mousse des sous-bois, puis décoré avec des objets colorés.

❀ Lorsqu'une femelle vient inspecter le berceau, le mâle parade et chante. Si la femelle est convaincue, elle s'accouple avec le mâle et construit un nid à proximité.

❀ Chacune des 17 espèces d'oiseaux-à-berceau construit son propre style de berceau avec ses propres décorations. Avant la proximité des humains, ces objets étaient des fleurs, de la mousse, des baies et des plumes.

Aujourd'hui, il n'est pas rare de trouver stylos, vaisselle, chiffons, papier, quincaillerie ou bouchons de bouteille. On a même vu un paquet de cigarettes. Le jardinier satiné préfère des objets bleus qui s'accordent bien à son plumage bleu étincelant.

❀ Tous ces objets sont éparpillés autour du berceau dans l'espoir qu'une femelle passera et le remarquera. En attendant, le mâle décore son berceau et le défend contre le vol, principalement des jeunes mâles de l'espèce.

les oiseaux à berceau décorent souvent leur nid avec des objets d'origine humaine

QUEL JAUNE !

❀ Le plus gros œuf de poule jamais pondu pesait 450 g. Il avait deux jaunes et une double coquille.

❀ Le record du nombre de jaunes trouvés dans un œuf de poule est de 9, observé en 1971 dans un élevage aux États-Unis.

tu savais qu'une petite poule comme toi pouvait pondre des œufs sans jaune ?

🐦 Privés de sommeil

Les oiseaux migrateurs sont souvent privés de sommeil lors de leur long voyage, conservant peut-être un tiers de leur temps normal de sommeil. Dans des conditions expérimentales, des tests effectués sur des moineaux non migrateurs privés de sommeil ont montré une diminution de l'activité cérébrale, mais ceux en situation de migrateur ont montré peu ou pas de diminution des fonctions cognitives. Il semblerait donc que l'état de migrateur prépare les oiseaux tant mentalement que physiquement à leur fatigant voyage.

🐦 Le pic à bec ivoire est-il vivant ?

🪶 Le pic à bec ivoire n'est peut-être pas éteint. Plusieurs observations ont eu lieu en Floride et dans d'autres États américains dans les cinquante dernières années, y compris récemment, mais les scientifiques ne sont pas certains que l'espèce existe encore.

🪶 Le plus grand pic d'Amérique du Nord s'est apparemment éteint après que la forêt vierge ait été détruite sur des centaines de milliers d'hectares dans le sud des États-Unis.

🪶 Cet oiseau blanc et noir vivait dans la forêt primaire du sud des États-Unis et à Cuba, se nourrissant principalement de larves qu'il allait chercher sous l'écorce des arbres avec son bec couleur ivoire. Du fait de son alimentation spécialisée, l'oiseau a besoin d'une zone étendue de forêt comprenant des arbres morts.

🪶 Des efforts importants ont été réalisés aux États-Unis pour préserver des zones de bayous, des forêts humides et des bras morts de lacs, qui forment l'habitat traditionnel de l'oiseau. Nous ne savons pas si le pic à bec ivoire existe encore aujourd'hui.

MENACES SUR LES OISEAUX

❖ On estime qu'aux États-Unis, de 60 à 80 millions d'oiseaux sont tués tous les ans par le trafic automobile et plus de 170 millions par les lignes à haute tension.

❖ Il a été estimé qu'un relais de téléphonie mobile tue 2 500 oiseaux par an. De nuit, dans des conditions météo défavorables (brouillard, pluie), les oiseaux sont attirés par les lumières de ces tours, qui les perturbent et causent leur collision avec la structure de la tour.

❖ Les pesticides tuent des millions d'oiseaux tous les ans.

❖ La chasse reste l'une des principales causes de destruction des oiseaux.

❖ Les hydrocarbures que les bateaux échappent détruisent de très grandes quantités d'oiseaux. Au large de la côte sud de l'île de Terre-Neuve, plus de 300 000 oiseaux périssent de cette manière.

GI JOE

❖ GI Joe est un fameux pigeon voyageur de la Seconde Guerre mondiale. Une brigade devait attaquer la ville de Colvi Vecchia, en Italie, au matin du 18 octobre 1943, après un bombardement américain destiné à réduire la défense allemande. Or les Allemands battirent en retraite et les Anglais purent entrer dans la ville plus tôt.

❖ Malheureusement, les communications ne fonctionnaient pas, et le bombardement était toujours programmé. GI Joe fut envoyé avec un message demandant de stopper le bombardement. L'oiseau arriva à la base juste à temps.

❖ Le général Mark Clark, Commandant de la Cinquième Armée, estima que GI Joe avait sauvé la vie d'au moins 1 000 soldats alliés.

54 000 pigeons voyageurs américains et 250 000 britanniques servirent lors de la Seconde Guerre mondiale

les pics à bec ivoire,
qu'on pensait disparus,
ont été l'objet d'observations
récentes non confirmées

Les oiseaux ont-ils du goût ?

Les chats possèdent environ 500 papilles gustatives sur la langue, les chiens 2 000, les humains et les cochons 15 000, et les oiseaux seulement quelques dizaines à quelques centaines. L'avantage est que les oiseaux peuvent manger des noix ou des fruits peu appétissants qui repoussent les rongeurs. Certaines plantes, comme le piment, ont développé un mauvais goût, si bien qu'elles sont dispersées par des oiseaux plutôt que par des mammifères. Au lieu de mâcher comme les rongeurs, les oiseaux avalent les graines en une seule fois, ce qui donne ensuite à celles-ci plus de chances de germer.

PLUMES SÉTIFORMES

On a longtemps pensé que les plumes sétiformes (plumes modifiées), disposées au coin du bec chez les gobemouches, étaient une aide pour capturer les proies. Les recherches menées par l'auteur de ce livre, grâce à des photographies à haute vitesse, ont montré que ce n'était pas le cas. Ces plumes sont sans doute des capteurs, fournissant à l'oiseau des informations sur sa vitesse et son orientation.

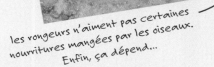

les rongeurs n'aiment pas certaines nourritures mangées par les oiseaux. Enfin, ça dépend...

MIEUX VAUT NICHER DANS UN TROU

En moyenne, bien qu'il y ait de fortes disparités, 66 % des jeunes oiseaux éclos dans un trou se développent et quittent le nid. Chez les oiseaux qui nichent à l'air libre, ce taux n'est que de 50 %. Conclusion ? Mieux vaut nicher dans un trou.

✈ Comment les oiseaux s'accouplent-ils ?

❁ Il existe de nombreuses possibilités d'accouplement, mais dans tous les cas le mâle monte sur le dos de la femelle. La femelle hausse son cloaque (orifice urogénital) et le tourne sur le côté pour pouvoir rencontrer celui du mâle, descendu et également tourné sur le côté, et le sperme est transféré.

❁ Chez le canard et quelques autres oiseaux, le mâle a un "pénis" qui dirige le sperme dans le cloaque de la femelle.

❁ Chez les martinets, l'accouplement a lieu en l'air.

accouplement d'un couple de phalaropes de Wilson

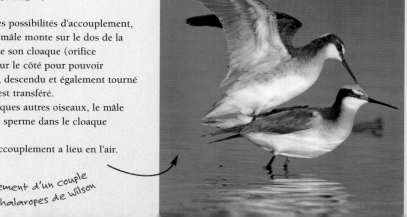

➤ Étymologies

Les noms des oiseaux prennent leur origine dans différentes langues. Voici quelques exemples :

✿ **Grec** : le nom du faisan vient du grec *phasianos*, de la rivière Phasis, aujourd'hui appelé le Rionos, dans la région de la mer Noire.

✿ **Latin** : le nom du pluvier vient du latin *pluvia*, la pluie.

✿ **Français** : la linotte emprunte son nom au *lin*.

✿ **Latin** : le nom du flamant rose provient du latin *flamma*, la flamme.

✿ **Islandais** : le nom du fulmar vient du mot islandais *fúlmár*, qui veut dire mouette nauséabonde, en référence à sa désagréable habitude de cracher d'écœurantes remontées gastriques sur les intrus.

✿ **Latin** : cormoran est dérivé du latin *corvus marinus*, c'est-à-dire corbeau marin.

✿ **Français** : râle dérive probablement du vieux français *reille*, qui signifie fente, couloir dans un rocher (ce terme d'ancien français est passé en Angleterre où il a donné *rail*, mot qui a retraversé la Manche aux débuts de l'installation des chemins de fer en France).

✿ **Latin** : l'un des oiseaux les plus familiers, le canari, est nommé d'après sa région d'origine, les îles Canaries, mais les îles elles-mêmes sont nommées d'après le latin *canis*, le chien.

✿ **Breton** : le goéland emprunte au breton *gwelan*, la mouette. En Cornouaille, on l'appelait *guilan*.

✿ **Occitan** : le colibri trouverait son origine dans l'occitan *colobro*, couleuvre, en raison des subits accès de colère du colibri, le mot ayant été véhiculé aux Antilles par les colons français.

✿ **Latin** : la sittelle emprunte son nom au terme zoologique latin *sitta*, oiseau.

le nom du flamant vient du latin flamma, la flamme

ACCENTS D'OISEAUX

Les populations d'oiseaux possèdent des accents représentatifs de leur aire géographique. Les individus au sein d'une population ont aussi des voix qui varient. Si deux populations d'oiseaux vivant proches l'une de l'autre ont un même accent, les oiseaux des deux populations auront moins de variation dans leurs voix que s'ils étaient isolés.

QUE BOIVENT LES OISEAUX MARINS ?

Eh bien, ils boivent de l'eau salée. Ce qui, bien sûr, leur pose un problème, comme cela en poserait pour nous. Bien que leurs reins puissent extraire un peu de sel, ce sont les glandes nasales qui extraient la majeure partie du sel de leur corps. Vous avez peut-être vu des oiseaux marins éternuer : en réalité, ils secouent leur bec pour éliminer les gouttes de sel qui s'y sont accumulées.

comme tous les oiseaux marins, les goélands boivent l'eau de mer

l'hirondelle rustique construit avec de la boue un nid en forme de coupe

QUI VEUT ESSAYER ?

Certains nids sont aplatis, en forme de coupe, construits de brindilles et d'herbe. Ça semble facile ? Essayez donc d'en construire un en utilisant les mêmes matériaux, d'abord avec vos mains, puis comme les oiseaux : sans les mains.

pas si facile à construire...

ŒUFS BLANCS ET BRUNS

❖ Les œufs blancs sont pondus par des poules aux plumes blanches et lobes d'oreilles blancs.

❖ Les œufs bruns sont pondus par des poules aux plumes rouges et lobes d'oreilles rouges.

❖ Il n'y a aucune différence de goût ni de qualité nutritive entre les œufs blancs et bruns.

LES GÈNES DE LA CONSTRUCTION

La construction des nids est génétiquement programmée.

1 Chaque oiseau construisant un nid le fait avec des caractéristiques propres à l'espèce, avec peu de variations.

2 Même les oiseaux élevés de manière isolée construisent un nid typique de l'espèce. Cependant, il peut y avoir apprentissage, les oiseaux plus vieux construisant de meilleurs nids que les plus jeunes, moins expérimentés.

un ara hyacinthe, le plus grand perroquet au monde

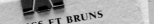 ## Petits et grands perroquets

❖ Les micropsittes de Nouvelle-Guinée et des îles alentours font moins de 8 cm de long et pèsent environ 65 g.

❖ L'ara hyacinthe d'Amérique du Sud est le plus grand perroquet du monde, long d'environ 1 m et pesant 1,7 kg – 13 fois plus grand et 26 fois plus lourd que le micropsitte de Nouvelle-Guinée.

PREMIERS ÉLEVEURS

Les premières volières furent construites par les Romains dans le but d'engraisser les oiseaux pour la table. On leur donnait des figues qui étaient prémâchées par des esclaves.

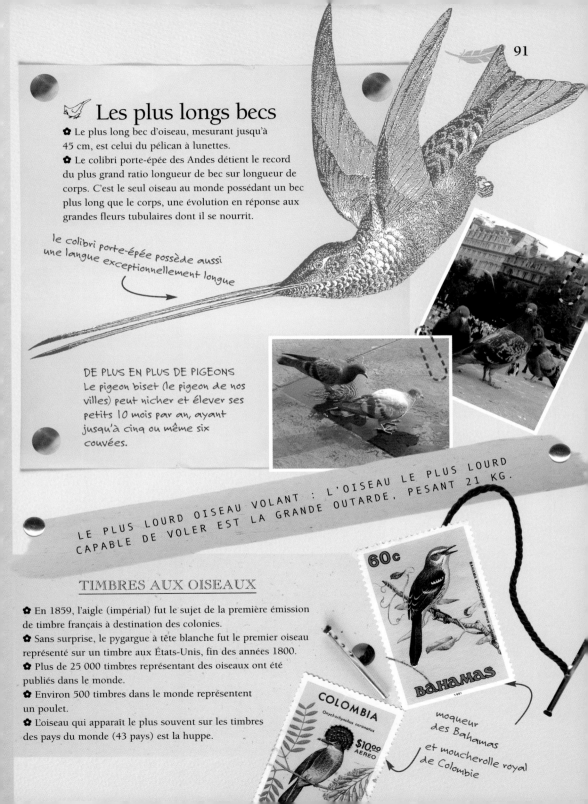

Les plus longs becs

❀ Le plus long bec d'oiseau, mesurant jusqu'à 45 cm, est celui du pélican à lunettes.

❀ Le colibri porte-épée des Andes détient le record du plus grand ratio longueur de bec sur longueur de corps. C'est le seul oiseau au monde possédant un bec plus long que le corps, une évolution en réponse aux grandes fleurs tubulaires dont il se nourrit.

le colibri porte-épée possède aussi une langue exceptionnellement longue

DE PLUS EN PLUS DE PIGEONS
Le pigeon biset (le pigeon de nos villes) peut nicher et élever ses petits 10 mois par an, ayant jusqu'à cinq ou même six couvées.

LE PLUS LOURD OISEAU VOLANT : L'OISEAU LE PLUS LOURD CAPABLE DE VOLER EST LA GRANDE OUTARDE, PESANT 21 KG.

TIMBRES AUX OISEAUX

❀ En 1859, l'aigle (impérial) fut le sujet de la première émission de timbre français à destination des colonies.

❀ Sans surprise, le pygargue à tête blanche fut le premier oiseau représenté sur un timbre aux États-Unis, fin des années 1800.

❀ Plus de 25 000 timbres représentant des oiseaux ont été publiés dans le monde.

❀ Environ 500 timbres dans le monde représentent un poulet.

❀ L'oiseau qui apparaît le plus souvent sur les timbres des pays du monde (43 pays) est la huppe.

60c
BAHAMAS

COLOMBIA
$10.00
AEREO

moqueur des Bahamas

et moucherolle royal de Colombie

le casse-noix d'Amérique produit des sons extrêmement variés

⟡ Les oiseaux chantent-ils parce qu'ils sont heureux ?

On aimerait bien croire que les oiseaux chantent parce que le printemps est là et qu'il fait tellement beau aujourd'hui. Mais, bien que personne ne puisse dire ce qui se passe dans leur tête, il est peu probable qu'ils chantent juste pour le plaisir.

1 Le chant expose les oiseaux à des compétiteurs ou des prédateurs et prend du temps sur les activités essentielles que sont l'alimentation et l'incubation.

2 C'est un comportement nécessaire pour attirer un partenaire et protéger son territoire.

3 Il y a un équilibre entre le risque de s'exposer à des prédateurs ou des compétiteurs, et le succès de nourrir et élever ses petits qui justifie le chant. Un oiseau qui chanterait juste pour le plaisir prendrait le risque de se faire manger à cause de sa frivolité.

ÉPOUVANTAILS

❖ Dans l'Antiquité, les paysans égyptiens du bord du Nil tendaient dans leur champs des filets sur cadres de bois pour effrayer les oiseaux.

❖ Au XVIIIe siècle en Allemagne, les grandes outardes étaient considérées comme de véritables fléaux pour les moissons, si bien que les enfants étaient dispensés d'école pour éloigner les oiseaux des champs.

❖ À l'époque victorienne en Angleterre, les épouvantails étaient de simples pièces de bois attachées ensemble. Les enfants parcouraient les champs et faisaient du bruit en claquant les planches entre elles pour éloigner les oiseaux.

❖ En Inde et dans plusieurs pays du Moyen-Orient, les vieux du village restent souvent assis dans les champs et jettent des pierres aux oiseaux pour les effrayer.

plus ou moins élaborés, les épouvantails se trouvent partout dans nos campagnes

un manchot papou incubant un œuf et montrant sa plaque incubatrice

COUVER LES PETITS

Couver veut dire transférer de la chaleur à des œufs pour les incuber et réchauffer les petits. Les plumes étant un très bon isolant, les oiseaux couveurs perdent une partie de leurs plumes abdominales. Les vaisseaux sanguins sous la peau nue gonflent et augmentent en nombre pour transmettre la chaleur aux œufs et aux petits. Lorsqu'il ne couve pas, l'oiseau adulte peut recouvrir sa plaque incubatrice avec les plumes qui l'entourent.

un ganga namaqua, du désert du Kalahari, utilise ses plumes comme des éponges pour porter de l'eau à ses petits

Quelle bécassine !

La chasse à la bécassine est aléatoire car l'oiseau, qui vit dans des marécages, a un vol rapide et erratique. En Angleterre, la "chasse à la bécassine" est une expression un peu équivalente à la "chasse au dahu", sorte d'amusement initiatique et rituel, où les victimes sont envoyées dans les marais appeler et chasser la bécassine à la main. Bien sûr, le résultat n'est pas garanti…

PORTEUR D'EAU

Dans le désert du Kalahari, au sud de l'Afrique, le ganga mâle trempe ses plumes abdominales dans des trous d'eau et transporte l'eau ainsi retenue jusqu'à son nid, où le petit pourra s'en désaltérer. Les plumes de ganga peuvent transporter 15 à 20 ml d'eau pour 1 g de poids sec de plume. À titre de comparaison, une éponge synthétique ne peut retenir que 5 ml d'eau pour 1 g de matière sèche.

PARADIS MARIN : PLUS DE 50 MILLIONS D'OISEAUX MARINS NICHENT SUR LES COTES D'ALASKA

✈ Tueur de vautours

En Inde, au Pakistan et au Népal, les vautours meurent d'une maladie des reins causée par un anti-inflammatoire, le diclofénac, qu'ils absorbent en mangeant des animaux morts qui avaient été traités par ce médicament. Les brevets ayant expiré, celui-ci est devenu bon marché et donc très répandu. De nouveaux médicaments non léthaux sont aujourd'hui recommandés par les associations de protection.

timbre de Nouvelle-Zélande représentant un couple monogame de gorfous de Fiordland

en Inde, un vautour chaugoun mange une carcasse peut-être infectée

ARÔME ROMANTIQUE
La starique cristatelle, un oiseau marin, produit une forte odeur proche de la mandarine, importante dans sa parade amoureuse. Les deux oiseaux du couple se reniflent mutuellement le cou, où est produit l'arôme.

JUSQU'À EXTINCTION
Le râle de Wake, qui fut abondant sur l'île de Wake, dans le Pacifique, a le triste privilège d'avoir été mangé jusqu'à extinction par les soldats japonais pendant la Seconde Guerre mondiale.

MONOGAMIE

✿ 90% des espèces d'oiseaux sont monogames, le couple restant uni pendant toute la saison de reproduction. La raison en est évidente : un couple élève ses petits plus facilement qu'un oiseau seul.

✿ Cependant, il s'avère que la plupart des couples ne restent pas ensemble à vie, bien que certains oiseaux comme les oies, aigles, grues, corbeaux, pigeons ou albatros, maintiennent longtemps leurs liens.

✿ Sur ces couples, 5 à 10 % se séparent toutefois chaque année pour trouver un nouveau partenaire. En outre, à la mort de l'un des deux oiseaux, le survivant ira chercher un nouveau partenaire.

le faucon pèlerin n'est pas seulement l'oiseau le plus rapide ; il est aussi le plus rapide de tous les animaux lorsqu'il fond sur sa proie

Le plus rapide

La plupart des ornithologues s'accordent sur le fait que le faucon pèlerin serait l'oiseau le plus rapide au monde. Régulièrement flashé entre 300 et 400 km/h lors d'un plongeon à la poursuite d'une proie, il atteint cette vitesse en repliant ses ailes le long de son corps et en plongeant pratiquement tout droit. En vol battu normal, en revanche, le faucon pèlerin a été précisément mesuré volant à des vitesses comprises entre 36 et 70 km/h, avec une vitesse moyenne de 48,8 km/h.

BESOIN DE CHALEUR

Pendant les dix premiers jours de leur vie, les passereaux ne semblent pas effrayés à l'approche d'un prédateur. Ce n'est qu'à partir du sixième jour qu'un sens de la peur commence à se développer. La raison en est que les oisillons ne sont pas capables de réguler la température de leur corps avant l'âge de cinq jours. S'ils devaient fuir un prédateur avant d'être capables de le faire, ils mourraient certainement. Après le sixième jour, s'enfuir du nid leur donnerait au contraire une chance.

LES VOLS EN GROUPE ONT-ILS UN CHEF ?

❖ Des photos prises à haute vitesse montrent que les vols en groupe de merles ou d'échassiers n'ont pas de chef, ou du moins pas plus de quelques secondes. L'oiseau positionné en avant du V ou d'une autre formation laisse rapidement sa place à d'autres.

❖ N'importe quel oiseau peut initier un virage, et tout le groupe suivra. C'est pourquoi lorsqu'on observe un vol en groupe, celui-ci apparaît chaotique, le manque de chef de file étant responsable du manque de direction. Finalement, le groupe prendra une décision collective et partira dans une direction donnée.

❖ Et d'abord pourquoi les oiseaux volent-ils en groupe ? Parce que les prédateurs attaquent moins volontiers un groupe qu'un individu isolé. Le groupe devient une garantie de ne pas être mangé.

une mésange bleue
attaque son propre reflet
dans un rétroviseur

le "phosphorescent"
ara bleu

Miroir, mon beau miroir

❀ Au printemps, avec la montée d'hormones, les mâles cherchent à s'approprier un logement où installer leur famille et deviennent territoriaux et agressifs envers les intrus, particulièrement ceux de la même espèce.

❀ Lorsque les oiseaux se retrouvent devant leur propre reflet dans les vitres d'une fenêtre ou d'un rétroviseur, ils peuvent l'attaquer vigoureusement. La bergeronnette pie ou le cardinal rouge, par exemple, adoptent ce comportement. Et vu les résultats, ils peuvent continuer à l'attaquer pendant des semaines…

❀ Si vous voyez un oiseau ayant ce genre de comportement, essayez de recouvrir la surface réfléchissante.

RÉGIME À L'ARGILE

Les perroquets d'Amérique du Sud fréquentent les terrains argileux. Les rivières ont souvent des berges argileuses riches en minéraux. Les perroquets, mais aussi de nombreux papillons, mangent cette argile ou du moins la mâchent. On ne sait pas exactement pourquoi, mais on pense que les minéraux neutralisent les toxines des plantes, graines et nectars ingérées par les perroquets et les papillons.

PERROQUETS PHOSPHORESCENTS

Tous les oiseaux ont des pigments sur les ailes qui leur donnent leurs couleurs. Seuls les perroquets possèdent un pigment jaune particulier qui brille sous une lumière ultraviolette. On ne connaît pas la signification de cela.

Un peu de ménage

Alors qu'ils grandissent dans leur nid, les oiseaux nouveaux-nés produisent des déchets. Pour les oiseaux nidifuges (ceux qui quittent le nid peu de temps après l'éclosion), le ménage du nid n'est pas important. Pour les autres, quelques mesures de propreté sont indispensables pour que le nid ne devienne pas un foyer d'infection.

✿ De nombreux jeunes passereaux fabriquent un sac fécal contenant les déchets, que les parents peuvent enlever.

✿ Certains oiseaux, comme le bruant à couronne blanche, avalent le sac fécal de leur petit pour absorber certains nutriments que les jeunes ne peuvent digérer.

✿ Les petits des faucons, hérons et aigrettes, se mettent au bord du nid et éjectent leurs déchets par dessus bord.

✿ Les cormorans ignorent tout ça et finissent avec le nid sans doute le plus sale du monde des oiseaux.

canard souchet

DES YEUX PARTOUT

Lorsque des canards se reposent au sol en groupe, les oiseaux de la périphérie dorment avec un œil ouvert – l'œil extérieur au groupe – pour guetter les prédateurs, tandis que les oiseaux au centre ferment les deux yeux, profitant d'un meilleur repos.

le nid propre et soigné d'une grive musicienne

CITES

La Convention sur le commerce international des espèces menacées d'extinction, dite CITES ou Convention de Washington, est le texte international le plus important qui encadre le commerce de nombreux oiseaux et interdit celui des espèces les plus menacées.

POURQUOI LE MERLE EST-IL NOIR ?

Une légende des Indiens d'Amérique explique pourquoi les merles blancs sont devenus noirs. Dans l'une des versions, une chouette prit le soleil, la lune et les étoiles et les cacha dans une grotte. Le merle entra furtivement, vola ces corps célestes et les accrocha dans le ciel. Mais dans la grotte il vola aussi des braises du feu qu'avait allumé la chouette. En s'envolant, le bec empli de ces braises, la fumée du feu le rendit noir.

DE VRAIS HÉROS

Après la Seconde Guerre mondiale, les militaires essayèrent d'utiliser des oiseaux pour localiser les pilotes des avions tombés dans l'océan. Les oiseaux pouvaient détecter les naufragés de bien plus loin que les humains.

MITES, TIQUES ET AUTRES PARASITES

On connaît pas moins de 2 500 espèces de parasites susceptibles d'infester les oiseaux. Certains vivent sur le corps de l'oiseau et se nourrissent de son sang, d'autres mangent les déchets accumulés dans le nid et certains même se nourrissent sur le corps d'autres parasites. On ne sait pas si l'invasion de ces parasites est sans conséquence sur le développement des jeunes oiseaux.

Famille nombreuse

En général, plus la couvée est importante (plus il y a de petits au nid), plus les parents doivent effectuer de trajets pour nourrir leurs petits. Mais, dans le même temps, le nombre de repas par petit diminue. En outre, le poids de chaque petit, mais aussi de chaque parent, va diminuer (du fait de l'énergie consommée pour nourrir plus de petits). Il y a donc une limite dans la réussite d'une famille nombreuse.

une grande aigrette blanche nourrissant ses petits

PIROUETTE POUR CACATOÈS

Le cacatoès noir parade devant la femelle en pirouettant autour du tronc d'un arbre mort, ailes déployées, crête dressée, et tapant sur le tronc avec un bâton à la patte.

cacatoès noir

LES 24 HEURES DE L'ŒUF

Après fécondation, le zygote (cellule fertilisée) descend l'oviducte (passage des ovaires vers l'extérieur du corps) et accumule tous les nutriments, l'eau, la matière fibreuse, la coquille et les pigments nécessaires, avant d'être pondu, le tout en 24 heures.

INCROYABLE CORMORAN

✿ Le cormoran est un oiseau aquatique, à la fois d'eau douce et d'eau salée. Afin de pouvoir s'immerger, les cormorans, à la différence des autres oiseaux, ne possèdent pas de glande uropygienne et ne graissent donc pas leurs ailes. Ils doivent étendre leurs ailes au vent pour les faire sécher.

✿ Les cormorans incubent leurs œufs en les entourant de leurs pieds palmés.

✿ Le roi James Ier garda des cormorans dans une volière au bord de la Tamise, à Londres, et créa le titre de gardien des cormorans de la Couronne.

✿ En Chine et au Japon, des cormorans dressés ont été utilisés depuis plus de 1 000 ans pour la pêche. Les pattes attachées et un nœud coulant de corde

ou d'herbe autour du cou pour les empêcher de manger leur prise, ils sont lâchés depuis un bateau, puis remontés à la surface.

Le poisson pris dans leur gosier est alors extrait par un massage effectué par le pêcheur.

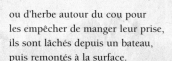

le roi James Ier, gardien des cormorans

4

L'EFFRAIE DES CLOCHERS

❖ On trouve cette chouette au plumage clair pratiquement partout dans le monde, sauf en Antarctique et dans une partie de l'Asie, du Canada, de l'Alaska et dans tout le Sahara.

❖ Son nom scientifique, *Tyto alba*, vient du grec *tuto*, la chouette, et du latin *alba*, blanche.

❖ L'effraie des clochers est aussi appelée la Dame blanche. Son nom de chouette « effraie » lui vient de son cri strident et perçant, un peu effrayant.

❖ L'effraie des clochers a une vue si perçante qu'elle peut détecter de petites proies, comme des souris, dans l'obscurité totale, également grâce à son excellente ouïe.

❖ En plus de la vision directe, l'effraie réagit aussi au comportement de la souris. Dans sa descente en piqué pour tuer, la chouette aligne ses serres dans le plus grand axe de la souris. Si la souris changeait de direction, la chouette réalignerait alors ses serres en fonction.

❖ La femelle est plus grande et plus sombre que le mâle et a plus de taches. Il semblerait que plus la femelle a de taches, moins elle a de parasites. En conséquence, les mâles sont attirés par les femelles ayant le plus de taches.

LES ENNEMIS DU GRAND-DUC

Le hibou grand-duc n'a pas de prédateur naturel, si bien qu'en dehors de pouvoir mourir de faim, ses principales causes de mortalité sont liées à l'homme. Les collisions avec les automobiles représentent une cause importante, mais le plus grand danger reste… le fusil. Cette chasse est évidemment illégale, l'oiseau étant protégé.

L'effraie des clochers est l'une des espèces les plus répandues au monde

VOIR DANS LE NOIR

La vue dans le noir d'une chouette est réputée 35 fois meilleure que celle de l'homme. Ce qui équivaut pour la chouette à distinguer un objet à ses pieds dans une obscurité quasi totale, avec la seule lueur d'une bougie allumée à 1 km de distance.

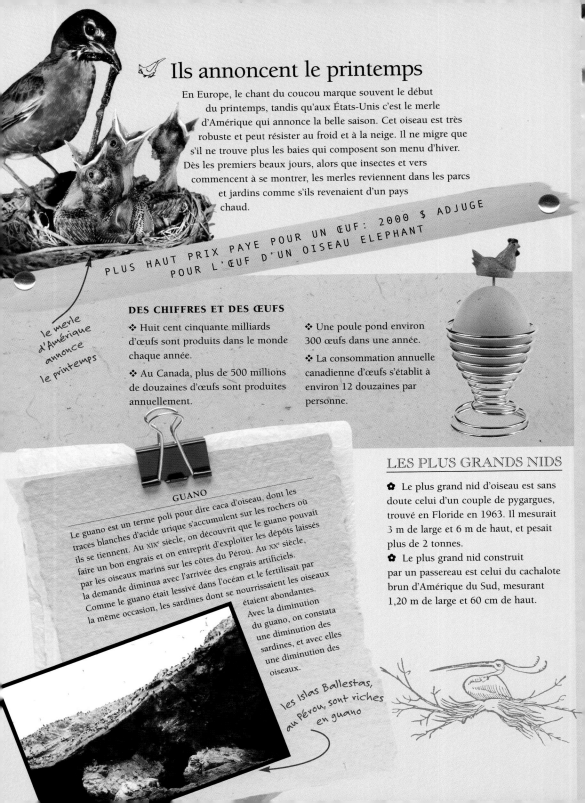

Ils annoncent le printemps

En Europe, le chant du coucou marque souvent le début du printemps, tandis qu'aux États-Unis c'est le merle d'Amérique qui annonce la belle saison. Cet oiseau est très robuste et peut résister au froid et à la neige. Il ne migre que s'il ne trouve plus les baies qui composent son menu d'hiver. Dès les premiers beaux jours, alors que insectes et vers commencent à se montrer, les merles reviennent dans les parcs et jardins comme s'ils revenaient d'un pays chaud.

PLUS HAUT PRIX PAYE POUR UN ŒUF: 2000 $ ADJUGE POUR L'ŒUF D'UN OISEAU ELEPHANT

le merle d'Amérique annonce le printemps

DES CHIFFRES ET DES ŒUFS

❖ Huit cent cinquante milliards d'œufs sont produits dans le monde chaque année.

❖ Au Canada, plus de 500 millions de douzaines d'œufs sont produites annuellement.

❖ Une poule pond environ 300 œufs dans une année.

❖ La consommation annuelle canadienne d'œufs s'établit à environ 12 douzaines par personne.

GUANO

Le guano est un terme poli pour dire caca d'oiseau, dont les traces blanches d'acide urique s'accumulent sur les rochers où ils se tiennent. Au XIXᵉ siècle, on découvrit que le guano pouvait faire un bon engrais et on entreprit d'exploiter les dépôts laissés par les oiseaux marins sur les côtes du Pérou. Au XXᵉ siècle, la demande diminua avec l'arrivée des engrais artificiels. Comme le guano était lessivé dans l'océan et le fertilisait par la même occasion, les sardines dont se nourrissaient les oiseaux étaient abondantes. Avec la diminution du guano, on constata une diminution des sardines, et avec elles une diminution des oiseaux.

les Islas Ballestas, au Pérou, sont riches en guano

LES PLUS GRANDS NIDS

✿ Le plus grand nid d'oiseau est sans doute celui d'un couple de pygargues, trouvé en Floride en 1963. Il mesurait 3 m de large et 6 m de haut, et pesait plus de 2 tonnes.

✿ Le plus grand nid construit par un passereau est celui du cachalote brun d'Amérique du Sud, mesurant 1,20 m de large et 60 cm de haut.

LACHER DES COLOMBES

Après le Déluge, Noé lâcha une colombe, qui revint avec un rameau d'olivier, symbolisant ainsi l'espoir retrouvé et la paix. En 1949, Picasso choisit de représenter une colombe comme emblème du Congrès mondial de la paix. Dans les mariages, la coutume est de lâcher des colombes symbolisant l'amour éternel. En guise de colombes, ce sont souvent des tourterelles ou des pigeons blancs qui sont lâchés.

on lâche des pigeons domestiques blancs à l'occasion des mariages

Proverbes aux oiseaux

Faute de grives on mange des merles.

Avril ramène les oiseaux.

On ne saurait faire d'une buse un épervier.

Petit à petit, l'oiseau fait son nid.

Il ne faut pas mettre tous ses œufs dans le même panier.

Si petit que soit l'oiseau, il lui faut un nid.

Une hirondelle ne fait pas le printemps.

Dans tous les nids il y a un coucou.

Les plumes décorent le paon, et l'instruction l'homme.

voyons... n'y aurait-il pas un petit oiseau à se mettre sous la dent ?

LE MESSAGER SAGITTAIRE

Aussi appelé secrétaire, il tire son nom des 20 plumes plantées derrière sa tête qui rappellent les anciennes plumes des secrétaires d'antan. Endémique d'Afrique, il se nourrit notamment de serpents. Pendant l'attaque, menée avec ses longues pattes, l'oiseau se protège des morsures de ses proies venimeuses en déployant ses ailes comme un bouclier.

le fier paon est utilisé comme motif décoratif par les artisans du monde entier

LES CHATS ET LES OISEAUX

Les chats attrapent des oiseaux même s'ils ne sont pas affamés car cela constitue pour eux un exercice ludique. Pour éviter que les chats ne chassent les oiseaux qui visitent les mangeoires et les bains d'oiseaux, on les place loin des bosquets.

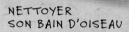

certains perroquets mangent du nectar ou des noix... d'autres préfèrent le caoutchouc

À la table des perroquets

❀ Les loriquets d'Australie pressent les fleurs avec leur bec et sucent le nectar avec leur langue frangée.

❀ Les aras hyacinthes mangent des noix de coco, qui sont difficiles à écosser. Certains de ces perroquets ont appris à jeter au sol les noix, pour que les agoutis et autres rongeurs viennent percer ces noix, qu'ils abandonneront ensuite aux oiseaux.

❀ L'avocat est un poison pour les perroquets, particulièrement pour les espèces africaines.

❀ Le kéa de Nouvelle-Zélande a la détestable habitude de mâchonner les cerclages en caoutchouc des pare-brises et des rétroviseurs.

du vinaigre dilué pour nettoyer le bain d'oiseaux

LE COLIBRI EST-IL UN OISEAU ?

Les oiseaux volent, mais un mythe coriace veut que les colibris ne volent pas : des calculs de taille et de poids amènent à la conclusion qu'ils seraient incapables de voler (de même que certains petits oiseaux). De fait ils volent, mais ne peuvent planer, et doivent sans cesse battre des ailes pour se maintenir en l'air.

NETTOYER SON BAIN D'OISEAU

Lavez le bain avec du vinaigre blanc dilué dans de l'eau. L'eau doit être changée tous les jours.

COLOMBIERS

Ce sont des constructions destinées à attirer et nourrir les pigeons, pour ensuite les manger. Ce sont les Romains qui les importèrent en France. Les pigeons furent une source importante de protéines en Europe. On trouve aujourd'hui encore des colombiers dans des pays comme l'Égypte.

DANGERS POUR LES OISEAUX DOMESTIQUES

Alcool

Avocats

Caféine

Chocolat

Graisse

Oignons

Feuilles de rhubarbe

Sel

une nourriture adaptée maintiendra votre oiseau en bonne santé

colombier traditionnel

VIEUX OISEAUX

Quelques records de vieillesse enregistrés dans des études :

Cacatoès corella	71 ans
Albatros royal	53 ans
Albatros de Laysan	50 ans
Puffin des Anglais	49 ans
Albatros à pieds noirs	40 ans
Frégate du Pacifique	38 ans
Sterne néréis	35 ans
Sterne fuligineuse	35 ans
Albatros hurleur	34 ans
Sterne arctique	34 ans
Phaéton à brins rouges	32 ans
Albatros à sourcils noirs	32 ans
Macareux moine	31 ans

les pics transportent des spores de champignon dans leur bec

CHERCHEURS DE CHAMPIGNONS

Les pics creusent des trous dans des arbres morts pour y installer leur nid. Ces arbres morts sont souvent ramollis par des champignons en décomposition. En échange de bons procédés, les pics transportent d'arbre en arbre des spores de champignons dans leur bec.

L'oiseau de la Genèse

Dans le christianisme, la colombe est à l'honneur dans l'Ancien Testament pour être revenue à Noé après le Déluge. Dans le récit de la Création de la Genèse, lorsque "le souffle de Dieu se déplaçait à la surface de l'eau", il prit la forme d'un oiseau.

LES OISEAUX INSECTIVORES MUNIS DE GRANDS BECS PEUVENT FERMER LEURS MANDIBULES PLUS VITE QUE CEUX AVEC DES PETITS BECS ET PEUVENT AINSI ATTRAPER PLUS VITE LEUR PROIE.

TOUFFES AURICULAIRES

De nombreux hiboux ont des aigrettes. Celles-ci sont particulièrement développées chez les espèces nocturnes, sans doute parce qu'elles permettent de casser la silhouette intrigante du hibou perché dans un arbre le jour.

de nombreux hiboux nocturnes portent des aigrettes

faites un vœu après votre repas

Faites un vœu

✿ La furcula, ou fourchette, est un os en forme de Y formé par la réunion des deux clavicules. Il permet de maintenir les ailes contre le sternum pendant le vol.

le géospize des cactus, des îles Galapagos

✿ Une coutume veut qu'après avoir découpé une dinde ou un poulet, deux personnes saisissent l'os en enroulant leur petit doigt autour d'une branche du Y, puis tirent chacun de leur côté jusqu'à ce que l'os casse, tout en faisant un vœu. Celui qui aura le morceau le plus long verra son vœu exaucé.

✿ Il était autrefois appelé "l'os du bonheur". En Angleterre, la coutume voulait que celui qui avait le morceau le plus long se marierait le premier.

✿ On pense que cette coutume de tirer sur les branches de la fourchette vient de l'oie cendrée, dont le furcula était considéré comme un bon indicateur du temps à venir. On dit même qu'il détermina la direction de la première croisade en 1096.

Quetzalcoath

QUETZAL, LE DIEU OISEAU

❖ Le quetzal resplendissant, présent au Mexique et en Amérique centrale, est un membre spectaculaire de la famille des trogons. Avec ses plumes caudales iridescentes, il apparaît sur la monnaie du Guatemala, le quetzal.

❖ L'oiseau était important dans la culture des Mayas et des Aztèques, qui confectionnaient des coiffes avec ses plumes. Il est à l'origine de la légende de Quetzalcoatl, un serpent à plumes qui avait le statut de divinité et qui inspira poètes et artistes.

❖ Cet oiseau d'un vert éclatant possède des plumes caudales de 60 cm de long et fait penser à quelque serpent chatoyant pendant son vol. Pour ne pas endommager ses plumes, l'oiseau se lance en arrière depuis une branche pour prendre son envol.

UN P'TIT COIN DE PARAPLUIE

Le dindon sauvage élève ses petits avec ses ailes à moitié ouvertes, comme un parapluie, pour les protéger du vent, de la pluie et du froid. Attentionné, il restera ainsi toute la nuit.

LES "PINSONS" DE DARWIN

Les 14 espèces de pinsons des îles Galapagos eurent une grande importance dans la réflexion de Darwin sur la théorie de l'évolution. En étudiant leur forme générale, qui variait d'île en île, il parvint à la conclusion que les conditions environnementales locales avaient quelque chose à voir avec l'évolution de la forme des oiseaux, et notamment de leurs becs, qui variaient de très minces à épais et lourds.

DU RIZ ET DES OISEAUX

Dans les régions où l'on cultive du riz blanc ou du riz sauvage, les oiseaux, et particulièrement les merles, peuvent devenir de véritables fléaux. Le riz blanc est fixé sur le pédoncule et peut être secoué et arraché par les oiseaux qui s'y posent. Le riz sauvage est encore plus sensible à ce secouage. Pour effrayer les oiseaux, les fermiers utilisent des canons, des sources de bruit, des avions télécommandés ou réels, ou même leur tirent dessus ou utilisent des produits chimiques. Aucune de ces méthodes n'est satisfaisante.

les oiseaux aiment le riz, un fléau pour les agriculteurs

APPARITION DU POULET

Le poulet domestique est un descendant du coq bankiva, d'Asie, et apparut entre 3200 et 2000 av. J.-C. Il est aujourd'hui probablement l'oiseau domestique le plus répandu.

LOFTS CHAMELIERS

Les gangas d'Afrique nichent dans de simples dépressions du sol, souvent dans des traces de chameaux, avec peu ou pas de matériaux.

UN MYTHE: LA CROYANCE QUE LES PARENTS D'UN JEUNE FAUCON OU D'UN AIGLE QUITTANT LE NID POUR LA PREMIERE FOIS POURRAIENT RATTRAPER LEUR PETIT ET LE RAMENER SUR LEUR DOS S'IL N'ARRIVAIT PAS A VOLER, N'A AUCUNE BASE SERIEUSE.

les macareux perdent les couleurs de leur bec après la période de reproduction

Les macareux

❀ Avec leur grand bec coloré et leur look de clowns, les macareux comptent parmi les oiseaux marins les plus reconnaissables.

❀ En forme de triangle, le bec est très coloré (rouge, bleu et jaune) en période nuptiale. Après la reproduction, il perd ses couleurs, devient plus terne et plus sombre.

❀ Le macareux moine, l'oiseau emblématique de Terre-Neuve-et-Labrador, vit en colonie et hiverne en mer. Des îles au large de Terre-Neuve abritent les plus importantes colonies au Canada. On en a compté jusqu'à 250 000 sur l'une de ces îles.

❀ Le macareux moine est aussi appelé "perroquet de mer".

❀ Son nom de genre, *Fratercula*, qui signifie petit frère (au sens de vrai frère ou de religieux), peut avoir été choisi car les macareux tiennent leurs pieds serrés en vol comme s'ils priaient. Ou peut-être du fait de leur soutane noire et blanche.

❀ Ces oiseaux hivernent en pleine mer et creusent des terriers pendant la saison de reproduction, pour y élever leur unique petit, dans un nid garni de plumes.

Le pinson vampire

Comme son nom l'indique, le pinson vampire, l'un des "pinsons" de Darwin de l'île Wenman aux Galapagos, se nourrit de sang. Il se nourrit généralement de fous masqués et de fous à pieds rouges, en piquant la peau devant la queue jusqu'à ce que cela saigne. Comment a pu évoluer un tel comportement ? Peut-être lorsque, piquant des parasites sur la peau des fous, du sang coulait et les oiseaux purent apprécier cette source de protéines et de liquide. Le pinson vampire, une sous-espèce du géospize à bec pointu, est extrêmement rare.

curieusement, les fous ne fuient pas et laissent les pinsons vampires se nourrir de leur sang

les goélands font partie des quelque 300 espèces d'oiseaux marins

LES OISEAUX MARINS

▶ On appelle oiseaux marins les oiseaux qui fréquentent les côtes, comme les pélicans, cormorans, fous, albatros ou pétrels.

▶ Les oiseaux marins vivent de la mer, y passant le plus clair de leur temps, mais retournent à terre pour pondre.

▶ Sur les quelque 10 000 espèces d'oiseaux, moins de 300 sont des oiseaux marins. Si l'on considère que les océans couvrent environ 70 % de la surface du globe, le pourcentage d'oiseaux marins est relativement faible, environ 3 % seulement des espèces d'oiseaux au monde.

▶ Une des principales raisons qui font qu'il y a peu d'espèces d'oiseaux marins, est que l'océan est un espace à deux dimensions où les oiseaux sont en compétition avec d'autres espèces vivantes qui se nourrissent à sa surface ou juste sous la surface.

HARPIES

C'étaient de très belles femmes ailées dans la mythologie grecque, qui pouvaient se transformer en horribles femmes aux serres acérées. L'oiseau national du Panama, la harpie féroce, fut nommé d'après elles. La harpie fut le modèle pour créer Fawkes le phénix dans le film Harry Potter et la chambre des secrets.

bien qu'on l'appelle le coucou suisse, il serait en fait d'origine germanique

LE COUCOU SUISSE

Le premier coucou aurait été construit vers 1730 en Allemagne, dans la Forêt Noire.

je suis un démoustiqueur écologique

DES PESTICIDES NATURELS

Autrefois en Allemagne, on enfermait des rougegorges dans la maison pour qu'ils mangent les insectes.

CONCOURS DU PLUS BEAU CHANT D'OISEAU

En 2002, les membres de l'association BirdLife International ont organisé par internet un concours du plus beau chant d'oiseau de l'année.

Le public a voté pour :

1 Le pluvier doré
(qui n'est pas un passereau)

2 La gorgebleue à miroir

3 L'huîtrier-pie (pas non plus un passereau)

4 Le merle

5 Le rossignol progné

suite de la liste page 108

LES DOUZE JOURS DE NOËL

Dans ce chant de Noël, le quatrième jour de Noël était représenté par quatre oiseaux, représentant les quatre apôtres Matthieu, Marc, Luc et Jean.

L'OISEAU LE PLUS RÉPANDU : SANS DOUTE LE MOINEAU DOMESTIQUE, QUI S'EST RÉPANDU AVEC L'AIDE DE L'HOMME.

 # Trop d'œufs dans le même panier

❖ Quelques espèces de canards qui nichent dans des cavités d'arbres, comme le canard carolin ou le dendrocygne à ventre noir, ont un étrange comportement, qui voit la femelle pondre son (ou ses) œuf(s) dans le nid d'une autre femelle.

❖ Parfois, un nid peut être utilisé par plusieurs femelles et le total d'œufs dans le nid peut se chiffrer par douzaines – on a en a vu plus d'une centaine – parmi lesquels peu vont éclore. Si la propriétaire du nid n'est pas frustrée et ne l'abandonne pas, elle pourra pondre ses propres œufs par-dessus les autres, et les incubera.

❖ Pourquoi les canards font-ils ceci ? Personne ne le sait. Peut-être à cause d'un manque de sites pour les nids, ou parce que des femelles inexpérimentées ne savent pas comment faire, ou par volonté délibérée de faire élever ses petits par une autre femelle.

LA PLUS LONGUE INCUBATION : L'ALBATROS ROYAL, AVEC 81 JOURS. APRÈS CES PRESQUE 3 MOIS DANS L'ŒUF, LE POUSSIN MET DE 3 À 6 JOURS POUR ÉCLORE.

les calopsittes en cage vivent 15 à 20 ans, les sauvages seulement 12 à 15 ans

LES VIKINGS

Les Vikings emportaient avec eux des corbeaux dans leur navigation en Atlantique nord ou dans la mer du Nord. Selon la tradition, ils relâchaient les corbeaux pour déterminer leur position et le choix de leur destination. Si les corbeaux revenaient sur leurs traces et qu'on ne les revoyait plus, les navigateurs savaient qu'ils n'étaient pas très éloignés de leur point de départ. Si les corbeaux revenaient au bateau, ils savaient que la terre était hors de portée.

DURÉE DE VIE DES OISEAUX DOMESTIQUES

Cacatoès	65 ans
Aras	60 ans
Perroquets jacos	50 ans
Amazones	50 ans
Conures	30 ans
Pigeons	20 ans
Inséparables	20 ans
Calopsittes	20 ans
Perruches	20 ans
Canaris	15 ans
Pinsons	15 ans

Quelles jumelles pour observer les oiseaux ?

❖ Les jumelles sont comme deux télescopes montés en parallèle. Un ensemble de lentilles concentrent la lumière et agrandissent l'image, qui est ensuite restituée à l'œil à travers l'oculaire.

❖ Les jumelles sont repérées par des valeurs comme 7x35, 8x20, 10x50, etc. Le premier chiffre donne la valeur de l'agrandissement, le second est le diamètre de l'objectif en millimètres. Les plus grands diamètres sont plus lumineux et permettent des plans plus larges.

❖ Quelle est donc la taille idéale pour observer les oiseaux ? Le mieux serait d'avoir à la fois un grand agrandissement et un grand diamètre, par exemple 10x50, mais alors les jumelles sont trop lourdes et encombrantes à emmener sur le terrain pour la plupart des gens. Avec des petites valeurs comme 8x20, les jumelles seront plus légères mais la qualité en souffrira, moins de lumière parvenant à l'observateur. La plupart des ornithologues plébiscitent des 8x30 ou des 10x40 pour leurs observations courantes.

les jumelles 8x30 ou 10x40 sont les plus polyvalentes

concours du plus beau chant - suite de la page 107

Les ornithologues professionnels, eux, ont voté différemment :

1 Le rossignol progné

2 La fauvette à tête noire

3 L'alouette des champs

4 La rousserolle verderolle

5 Le troglodyte

suite page 109

Longévité des perroquets

En général, les grands perroquets vivent plus vieux que les petits. Sans considération de taille, ceux qui mangent des graines (les granivores) vivent plus longtemps que les omnivores ou ceux qui mangent des fruits. En dehors du régime, cela peut être dû au fait que les granivores vivent et se déplacent en groupe, ce qui facilite la recherche de la nourriture et la détection des prédateurs.

concours du plus beau chant –
suite de la page 108

Aux États-Unis, les favoris sur internet donnèrent les résultats suivants :

1 Le troglodyte mignon

2 La grive fauve

3 Le roselin familier

4 La grive des bois

5 La paruline à croupion jaune

6 L'oriole du Nord

7 La paruline azurée

8 La buse à épaulettes

9 Le moqueur polyglotte

10 Le bruant des champs/la paruline des prés

les grands perroquets vivent en général plus longtemps que les petits

OISEAUX D'ÉTAT

Tous les États américains ont adopté un oiseau comme emblème.

Alabama ....bruant jaune
pic flamboyant
Alaska ....lagopède des saules
Arizona ....:...troglodyte des cactus
Arkansas ....moqueur polyglotte
Californie ....colin de Californie
Colorado ....bruant noir et blanc
Connecticut ....merle d'Amérique
Delaware ....coq
Floride ....moqueur polyglotte
Géorgie............................moqueur roux
Hawaï ....bernache néné
Idaho ....merlebleu azuré
Illinois ....cardinal rouge
Indiana ....cardinal rouge
Iowa ....chardonneret jaune
Kansas ....sturnelle de l'Ouest
Kentucky ....cardinal rouge
Louisiane ....pélican brun
Maine ....mésange à tête noire
Maryland ....oriole du Nord
Massachusetts ....mésange à tête noire
Michigan ....merle d'Amérique
Minnesota ....plongeon huard
Mississippi ....moqueur polyglotte
Missouri ....merlebleu de l'Est
Montana ....sturnelle de l'Ouest
Nebraska ....sturnelle de l'Ouest
Nevada ....merlebleu azuré

suite de la liste page 113

Oiseaux toxiques

❀ En 1992 on mit en évidence que les plumes du genre *Pitohui*, de Nouvelle-Guinée, contenaient un poison. La peau de l'oiseau peut brûler la bouche de celui qui en mange autant que le ferait un piment.

❀ On trouve le même principe chimique chez les grenouilles *Dendrobatidae* d'Amérique du Sud. Ni l'oiseau ni les batraciens ne fabriquent leur propre neurotoxine, ce venin provenant sans doute de leur alimentation.

❀ Le venin du pitohui bicolore rouge et noir est si efficace que les autres oiseaux, qui ne possèdent pas cette toxine, imitent sa coloration pour tromper les prédateurs, qui ne s'y frotteront pas.

❀ L'ifrita de Kowald, également de Nouvelle-Guinée, possède le même venin.

le cardinal rouge est l'oiseau officiel de 7 États américains

LUMIÈRE ARTIFICIELLE

Nombre d'oiseaux sont influencés par l'éclairage urbain. Des rougegorges, des grives musiciennes ou des merles citadins chantent la nuit.

ROLLIERS ET CINCLES

❖ Les rolliers sont ainsi nommés à cause de leurs mouvements de roulis en vol.

❖ Les cincles plongeurs se balancent de haut en bas avant de plonger. Ils peuvent littéralement marcher sous l'eau.

le cincle d'Amérique est un spécialiste des plongeons

non, non, j'suis pas un eucalyptus, j'suis juste un podarge gris. Mais qui voit la différence ?

Le roi du camouflage

L'excellent camouflage du podarge gris, un cousin du guacharo des cavernes et des engoulevents, le fait ressembler aux feuilles mortes. Lorsqu'il est inquiété, l'oiseau se fige dans une position et, grâce à sa coloration mouchetée, se fond dans les branchages. En restant ainsi totalement immobile dans son camouflage, il peut aussi convaincre des proies de s'approcher, au point de pouvoir s'en saisir. Avec son grand bec en forme de cœur, il peut capturer rapidement et facilement ses proies.

BECS CROISÉS

Les becs-croisés sont littéralement des oiseaux avec des becs croisés. Les mandibules croisées sont utilisées pour ouvrir les écailles des pommes de pins et en extraire les graines. La légende voulait que les becs-croisés des sapins avaient ôté les clous de la Croix. C'est pourquoi on les trouve représentés dans l'art médiéval.

un bec-croisé

les citadins peuvent attirer les oiseaux avec du maïs soufflé

les pics creusent pour trouver leur nourriture et nichent dans des trous

DES OISEAUX DANS LA VILLE

Quantité d'espèces d'oiseaux peuvent être observées dans nos villes. À titre d'exemple, au Jardin botanique de Montréal, jusqu'à 60 espèces différentes peuvent être observées au printemps.

Avec quelques astuces, les citadins pourront attirer à eux une grande variété d'oiseaux.

1 Faites pousser des arbres, arbustes et fleurs en pot.

2 Installez des nichoirs.

3 Installez un point d'eau.

4 Gardez propre votre environnement.

DES AVANTAGES D'ETRE GRAND

Les grands oiseaux ont un métabolisme plus lent que les petits oiseaux, et on pense que c'est la raison pour laquelle ils vivent plus vieux. Les oiseaux marins et les oiseaux de proie peuvent vivre 30 ans ou plus.

POURQUOI LES PICS S'ATTAQUENT-ILS AU BOIS DES MAISONS ?

1 Au printemps, ils cherchent des trous pour nicher et des insectes à manger, et à l'automne juste des endroits où dormir.

2 Ils aiment bien les bois tendres, et on dit que les vibrations des fils électriques ressemblent au bruit d'une colonie de termites.

3 Ils défendent parfois leur territoire ou appellent leur partenaire avec des sons de tambour. Ils préfèrent alors le métal ou les bois durs, qui résonnent mieux.

le Grec Aristophane a inclus de nombreux oiseaux dans son œuvre

LES OISEAUX D'ARISTOPHANE

Le Grec Aristophane fit un usage considérable des oiseaux – 80 espèces environ – et écrivit une pièce comique, *Les Oiseaux*, en 414 av. J.-C. Ce fut l'un des premiers auteurs à évoquer les oiseaux dans la littérature.

oiseaux d'État - suite de la page 110

New Hampshire ....roselin pourpré
New Jersey ....chardonneret jaune
New Mexico ....grand géocoucou
New York ....merlebleu de l'Est
North Carolina ....cardinal rouge
North Dakota ....sturnelle de l'Ouest
Ohio ....cardinal rouge
Oklahoma.................tyran à longue queue
Oregon ....sturnelle de l'Ouest
Pennsylvanie ....gélinotte huppée
Rhode Island ....poule de Rhode Island
South Carolina........troglodyte de Caroline
South Dakota ....faisan de Colchide
Tennessee ....moqueur polyglotte
Texas ....moqueur polyglotte
Utah ....goéland de Californie
Vermont...............................grive solitaire
Virginie ....cardinal rouge
Washington ....chardonneret jaune
West Virginia.....................cardinal rouge
Wisconsin ....merle d'Amérique
Wyoming ....sturnelle de l'Ouest

BATTEMENTS D'AILES LENTS ET RAPIDES

De nombreux colibris ont des battements d'ailes très rapides, de 50 à 80 par seconde. Le record est détenu par le colibri aux huppes d'or, avec 90 battements par seconde.

Ce sont les vautours qui battent le plus lentement en vol, avec un battement par seconde en moyenne.

les ailes du colibri battent très rapidement

VOIR DANS L'OBSCURITÉ

❖ La rétine (la couche de cellules photosensibles au fond de l'œil) possède des cellules appelées bâtonnets (pour la vision en noir et blanc) et cônes (pour la couleur). Chez les humains comme chez les oiseaux ce sont les bâtonnets qui permettent de voir par faible luminosité.

❖ L'œil humain possède 200 000 bâtonnets par millimètre carré, tandis que les hiboux en ont 1 000 000 par millimètre carré.

les hiboux ont une excellente vision de nuit

les bulbuls utilisent des fougères pour construire leur nid

➤ Plomb mortel

❖ Un nourrissage expérimental de canards colverts avec des plombs de chasse aboutit à 90 % de taux de mortalité, alors qu'ils ne sont pas affectés s'ils ingèrent des "plombs" en acier.

❖ Les cygnes sont tués s'ils avalent des plombs de lest des cannes à pêche abandonnés par les pêcheurs. Aujourd'hui, les lests doivent être sans plomb.

❖ Les plongeons huards subissent un taux de mortalité significatif (10 à 50 %) du fait de la consommation des plombs de pêche.

L'OR VERT

❖ Les bulbuls d'Afrique incorporent des fougères vivantes à leur nid.

❖ Parmi les nombreuses espèces d'oiseaux d'Australie qui nichent dans des arbres, 66 % nichent dans du gui.

La plante fournit au nid sa structure et du camouflage.

❖ Les couturières d'Asie percent des trous le long des bordures de feuilles avec leur bec effilé, puis cousent les feuilles entre elles avec de la soie, de la laine ou des cheveux pour faire un berceau dans lequel sera construit un douillet nid d'herbe.

les pélicans font vibrer la peau de leur gosier pour se rafraîchir

LE HALÈTEMENT

✿ Le halètement est une méthode employée par différents oiseaux pour dissiper la chaleur de leur corps. Les oiseaux peuvent se rafraîchir en haletant, mais cela consomme davantage d'énergie, relativement à la chaleur perdue.

✿ Le halètement consiste à faire vibrer la peau située sous le bec. Le réseau sanguin du fond du gosier agit comme échangeur de chaleur, l'eau et la chaleur étant exudées par la peau gulaire.

✿ Ce comportement est constaté chez le pigeon, le pélican, le coq, la colombe, la caille, l'engoulevent, le cormoran, le hibou ou encore le géocoucou.

le coq se livre aussi au halètement

LA RELÈVE DE LA GARDE

Chez de nombreuses espèces d'oiseaux, le mâle et la femelle se livrent à une sorte de cérémonie de salutations avant d'échanger la charge du nid. Une avocette incubant ses œufs, par exemple, s'inclinera devant son partenaire s'approchant d'elle, lequel lui retournera son salut. Ils s'engageront alors dans une sorte de cérémonie de lancer de brindilles, avant d'échanger leur rôle. L'oiseau qui incubait pourra alors partir à la recherche de nourriture.

un goéland en plein vol plané

Planer fatigue-t-il ?

Lorsqu'un oiseau plane, il déploie ses ailes pendant un temps relativement long. Le mécanisme destiné à éviter la fatigue tient à un tendon courant le long de l'ulna (un os de l'aile) et attaché aux rémiges secondaires (les plumes responsables de la portance). Ce tendon maintient les rémiges au bon écartement à chaque instant.

TERRE D'OISEAUX

À l'origine, il n'y avait pas de mammifères en Nouvelle-Zélande, si bien que l'île était appelée l'île aux oiseaux.

méga œuf : il faut deux heures pour cuire un œuf dur avec un œuf d'autruche. Un œuf d'autruche est équivalent à 24 œufs de poule... suffisamment gros pour remplir à lui tout seul une poêle à frire.

1858 · HAWKES BAY CENTENNIAL · 1958   3D
CAPE KIDNAPPERS   NEW ZEALAND

un fou austral (3D) et un cacatoès ($1) représentés sur des timbres de Nouvelle-Zélande

$1
NEW ZEALAND

les œufs tachetés du pluvier kildir se camouflent au milieu des galets

VAUTOURS ET CIGOGNES

Les vautours d'Asie, d'Europe et d'Afrique sont cousins des faucons et des aigles. Les vautours du continent américain sont plus proches des cigognes.

TOUJOURS PLUS POUR LES NON-MIGRATEURS

Les grands oiseaux non-migrateurs (plus de 2 kg) ont de plus grandes couvées et des périodes de couvaison plus longues que les grands oiseaux migrateurs. Tout se passe comme si le besoin de partir en migration était plus important que le nombre d'œufs pondus ou le bénéfice d'une longue période de couvaison.

les autruches, qui ne volent pas, pondent de grandes couvées

AMÉLIORER LES AVIONS

Des chercheurs de l'Université d'Oxford ont monté une petite caméra sur le dos d'un aigle pour enregistrer la mécanique de son vol. Des scientifiques ont cherché à construire des avions en prenant modèle sur la forme des ailes des mouettes. L'idée est d'essayer d'améliorer le dessin des lignes des avions.

C'ÉTAIT UNE BLAGUE !

✿ Les vanneaux et les pluviers kildirs construisent un simple nid, souvent juste une dépression dans le sol en plein air, dans des marécages ou des prairies. Les œufs sont camouflés par des motifs tachetés qui imitent le sol caillouteux. Lorsque les poussins éclosent, les parents évacuent les coquilles car leur intérieur tout blanc réduirait à néant le savant camouflage.

✿ Malgré ce camouflage et ces précautions, le manque de protection du nid le rend vulnérable aux renards et autres animaux affamés. Pour protéger ses œufs à l'approche d'un prédateur, la femelle fuit le nid en laissant traîner une aile à terre, feignant une blessure, suivie par le prédateur affamé mais… dupé, car au dernier moment elle s'envolera. Ce comportement est courant chez les échassiers et d'autres oiseaux vivant au sol.

✿ Certains oiseaux, comme les chevaliers et les moineaux, fuient leurs nids avec les deux ailes traînant derrière eux, ressemblant alors à une souris. Le prédateur, tenté par cette belle prise, n'attrapera finalement rien puisque l'oiseau s'envolera.

des chercheurs étudient le vol des oiseaux pour essayer d'améliorer le design des avions

Cachés dans un trou

Il existe 54 espèces de calaos, répartis en Asie, en Afrique et en Australasie, qui ont la particularité d'avoir une excroissance en forme de casque sur la mandibule supérieure. La femelle pond ses œufs dans un arbre creux. La cavité du nid est fermée par le mâle avec de la boue, ne laissant qu'une petite ouverture, ce qui fournit une protection efficace contre les prédateurs. Le mâle nourrit sa compagne à travers ce trou, qu'il peut visiter jusqu'à 20 fois par heure. Lorsque les petits grandissent, la femelle sort en brisant le nid. Les petits referment alors le nid, et ne s'en échapperont à leur tour que plus tard lorsqu'ils seront devenus plus grands.

calao bicorne et son petit

depuis que j'ai les enfants, je ne sors plus trop

LEKS

Un lek est un lieu de parade nuptiale où les mâles d'espèces polygynes (s'accouplant avec plus d'une femelle) viennent se pavaner, appeler, chanter, et se montrer aux femelles qui ne viennent visiter le lek que pour trouver un mâle et en faire leur partenaire. Dans les espèces à leks, comme les manakins, les tétras ou le paradisier petit-émeraude, le mâle ne prend pas part au soin des œufs ni à l'élevage des petits.

*je me demande bien qui est
le père de ce bleu et gris...*

Qu'est-ce qu'une espèce ?

Une espèce se définit comme un groupe d'individus capables de se reproduire entre eux mais pas avec les individus d'un autre groupe défini comme une autre espèce. La plupart des oiseaux se conforment à cette définition, mais il y a des exceptions : la buse variable s'accouple avec l'autour, le canard pilet s'hybride avec le colvert. Cependant, les jeunes nés de cette union sont en général stériles.

on a introduit des espèces dans de nouveaux habitats partout dans le monde. Certaines se sont mieux acclimatées que d'autres

INTRODUCTIONS D'ESPÈCES

🪶 Les humains ont transporté environ 5 % des espèces d'oiseaux dans un nouvel environnement.

🪶 Ceci a entraîné 2 000 tentatives d'introduction de 400 espèces dans de nouveaux habitats.

🪶 Les deux tiers des oiseaux ainsi introduits appartiennent à six familles seulement : canards, faisans, pigeons, perroquets, moineaux et pinsons.

les goélands ont souvent un point rouge sur le bec

UN COUP DE BEC POUR MANGER

L'éthologue Niko Tinbergen, qui partagea un Prix Nobel en 1973 avec Konrad Lorenz et Karl von Frisch pour ses travaux sur le comportement animal, découvrit que le point rouge sur le bec jaune des goélands avait pour fonction de provoquer une réponse à la quête des petits. À la vue de ce point, les petits lui donnent des coups de bec. Lorsqu'ils sentent ces coups de bec, les parents régurgitent leur nourriture.

LE CANARI

Quand l' canari saura
     t'chanter
Il ira vir les filles (bis)
Quand l' canari saura
     t'chanter
Il ira vir les filles
Pour apprindr' à danser.

(Chanson wallonne)

les sternes néréis pondent leurs œufs sur des branches. Les poussins ont de grands pieds pour pouvoir se maintenir au perchoir

LA STERNE NÉRÉIS

Seule sterne entièrement blanche, avec un bec bleu, la sterne néréis niche dans les arbres, mais ne construit pas de nid. La femelle trouve une souche ou la fourche d'une branche où elle dépose un seul œuf.

Elle y couve son œuf pendant trois semaines, après quoi un poussin duveteux éclot. Nourri de poisson par les deux parents, le poussin est capable de se maintenir sur son perchoir grâce à ses très grands pieds.

Les sternes néréis ont de grands yeux. On pense qu'il s'agit d'une adaptation leur permettant de pêcher dans l'obscurité.

❧ Ceux qui ne volent pas

Dans l'histoire de l'évolution des oiseaux, la faculté de voler émergea et la plupart des oiseaux en bénéficièrent. Ce n'est que plus tard que certains perdirent cette faculté. Voyons pourquoi.

1 Voler est consommateur d'énergie, ce qui nécessite certaines adaptations. Si l'oiseau n'a pas de nécessité de voler, il perdra ces adaptations.

2 La première fonction du vol étant de pouvoir échapper à ses prédateurs, les oiseaux vivant dans des environnements sans prédateurs peuvent perdre leur faculté de voler. La plupart des oiseaux qui ne volent pas ont évolué dans des îles sans prédateurs : les kiwis de Nouvelle-Zélande, les cormorans aptères des Galapagos, les manchots d'Antarctique.

3 Un autre moyen d'éviter les prédateurs est d'être grand et fort, et d'être capable de courir vite, si bien que le vol devient inutile. Parmi eux, le nandou d'Amérique du Sud, l'autruche d'Afrique, le moa de Nouvelle-Zélande (disparu) et l'émeu d'Australie.

l'autruche est suffisamment grande pour décourager les prédateurs. Et si ça ne suffit pas, elle peut toujours fuir en courant

UN SITE EXTRAORDINAIRE DE MIGRATION EN AMÉRIQUE DU NORD

Pointe-Pelée est l'endroit le plus méridional du Canada continental. Située dans la partie ouest de la région des basses terres du Saint-Laurent, au sud de l'Ontario, de nombreuses espèces d'oiseaux migrateurs y défilent chaque année au printemps et à l'automne. Pointe-Pelée est donc le site idéal pour faire l'observation de plus de 350 espèces d'oiseaux migrateurs, dont près de 100 nichent dans le Parc national du Canada de la Pointe-Pelée. L'un des attraits exceptionnels de ce parc est qu'on y a observé jusqu'à 42 espèces de parulines, ce qui a valu à cette région le titre de "Capitale des parulines au Canada".

la bernache du Canada, un migrateur au long cours

UNE CHOUETTE COLLECTION

Un dénommé Pam Barker est entré dans le livre Guiness des records en réalisant la plus grande collection au monde d'objets représentant des chouettes : sa collection comprend pas moins de 18 055 objets.

HIBOUX DISPARUS

Tous les hiboux éteints dans les 300 dernières années vivaient sur une île.

LES YEUX ROUGES

Les oiseaux nocturnes ont une membrane réfléchissante derrière la rétine qui leur permet de capter la moindre parcelle de lumière. C'est grâce à cette membrane que les engoulevents ou les hiboux parviennent à voir dans l'obscurité. C'est aussi la raison pour laquelle les yeux de ces oiseaux sont tout rouges lorsqu'une lumière est dirigée vers eux.

Et si les oiseaux ne venaient pas ?

Cela prend du temps, parfois des mois, avant que les oiseaux ne visitent votre mangeoire. En supposant que celle-ci est bien placée et qu'elle offre une variété suffisante de graines, la cause peut simplement résider dans la période de l'année. Les oiseaux recherchent de la nourriture surtout en automne, en hiver et au début du printemps. Le reste de l'année, la nourriture est largement disponible dans la nature. En outre, les parents préfèrent nourrir leurs petits avec de la nourriture riche en protéines, comme des insectes ou des vers, plutôt qu'avec des graines. Installez donc votre mangeoire en fin d'été, et dès l'automne les oiseaux vous rendront visite.

la saison décide de la fréquentation de votre mangeoire

DES ŒUFS EN CAOUTCHOUC

La solidité des œufs tient à leur enveloppe de calcium, qui recouvre une matrice de fibres de protéines. Faites l'expérience de plonger un œuf cru dans du vinaigre, qui est faiblement acide. Au bout d'un ou deux jours, le calcium sera dissous et vous pourrez observer la matrice de protéines. Vous pourrez même manipuler l'œuf, devenu caoutchouteux, sans l'abîmer.

le calcium fait la solidité de l'œuf

la poule, bien connue des philatélistes français

La poule

RF

0,50 €

INFANTICIDE

Dans des situations où la nourriture est rare, les parents peuvent ignorer ou même tuer le plus petit ou le plus faible de la couvée pour pouvoir nourrir les autres poussins.

le duvet d'eider est réputé partout dans le monde. Ici, fabrication artisanale d'un édredon d'eider à Jérusalem

🕊 Le duvet d'eider

🌸 Lorsque les Norvégiens s'installèrent en Islande au IXe siècle, ils importèrent leur tradition du duvet d'eider. Impressionné par la beauté de la vie sauvage en Islande, le roi Christian IV de Norvège décréta en 1651 la protection des colonies d'eider nichant dans le nord de l'île.

🌸 La femelle eider arrache de sa poitrine du duvet pour garnir le nid et couvrir les œufs. Après l'éclosion, lorsque le nid est abandonné, on récolte le duvet. Les oiseaux ne sont pas maltraités. Au contraire les fermiers leur procurent de la nourriture et les protègent des braconniers. Cette relation entre les eiders sauvages

et les fermiers se transmet de génération en génération.

🌸 La production de duvet d'eider reste aujourd'hui en grande partie islandaise. Des quatre tonnes de duvet d'eider récoltées chaque année, trois proviennent d'Islande, le reste de Scandinavie.

ZUGUNRUHE

On appelle ainsi le comportement agité qui apparaît chez les oiseaux migrateurs, et l'appétit qui les pousse à manger beaucoup pour accumuler de la graisse. Ce comportement, d'abord observé sur des oiseaux sauvages tenus en cage, a été mis en évidence dans de nombreuses études sur la migration et le rôle de l'environnement sur les hormones.

John F. Kennedy avait un canari et un couple de perruches

symbole de Hawaï, la bernache néné est l'oie la plus rare au monde

🐦 Du Canada à Hawaï

L'emblème national de l'État de Hawaï est la bernache néné, dont on pensait qu'elle était une espèce sœur (dérivée du même ancêtre) de la bernache du Canada. Des études récentes ont montré qu'en réalité la bernache néné était une descendante de la bernache du Canada. En fait, la néné est plus proche de certaines sous-espèces de la canada que les sous-espèces de la canada ne le sont entre elles. Ainsi, il y a quelque 500 000 ans, des bernaches du Canada s'installèrent à Hawaï, où elles donnèrent finalement une descendance de bernaches nénés.

OISEAUX PRÉSIDENTIELS

De nombreux présidents des États-Unis ont eu des oiseaux comme animaux domestiques :

JOHN F. KENNEDY : Robin (canari), Bluebell et Marybelle (perruches)

CALVIN COOLIDGE : Nip et Tuck (canaris), Snowflake (canari blanc), Old Bill (grive), Enoch (oie)

MME WARREN HARDING : canaris

THÉODORE ROOSEVELT : Eli Yale (ara), et un coq unijambiste

MME GROVER CLEVELAND : canaris et moqueurs

RUTHERFORD HAYES : moqueur

ULYSSES S. GRANT : perroquet et coqs

ZACHARY TAYLOR : Johnny Ty (canari)

MME JAMES MADISON (Dolly) : perroquet vert

THOMAS JEFFERSON : moqueur

MME GEORGE WASHINGTON : perroquet

ENVERGURE

✿ La plus grande envergure mesurée chez un oiseau vivant est celle de l'albatros hurleur, avec 3,60 m entre les extrémités des ailes – plus grand que le plus petit avion…

✿ Le *tératornis* d'Amérique du Sud, qui vécut il y a 6 à 8 millions d'années, avait une envergure de 7,50 m environ.

albatros hurleur

Plus grands et plus petits œufs

❀ L'œuf le plus grand d'un oiseau vivant est celui de l'autruche, avec 12,5 à 15 cm de diamètre, 15 à 18 cm de long et 3 mm d'épaisseur de coquille.

❀ L'œuf le plus grand jamais pondu par un oiseau fut celui de l'oiseau-éléphant de Madagascar. Éteint depuis le début du XVIIIe siècle, c'était le plus grand oiseau connu. Son œuf était 15 fois plus grand que celui de l'autruche. Une omelette faite avec un seul de ses œufs aurait pu nourrir 75 personnes.

❀ L'œuf le plus petit est certainement celui du colibri. Le plus léger est celui du colibri d'Helen, à Cuba, pesant 0,2 g. Le colibri nain des Caraïbes vient en second avec un œuf pesant 0,375 g.

le tambourinage des pics est une forme de communication

COMMUNICATION NON-VERBALE

❖ Les kiwis de Nouvelle-Zélande, nocturnes et ne volant pas, frappent du pied lorsqu'ils sont dérangés.

❖ Les cigognes claquent du bec.

❖ Les géocoucous font vibrer leurs mandibules.

❖ Les pics tambourinent sur les arbres et autres objets.

❖ Certaines bécassines font vibrer leurs plumes caudales en vol pour produire un son de tambour.

❖ Les grimpeurs d'Hawaï ont un vol bruyant.

❖ Certains engoulevents et colibris volent à des hauteurs considérables, plongent et déploient leurs ailes brutalement pour produire un bruit ressemblant à un claquement de fouet.

les œufs de l'oiseau-éléphant, de l'autruche et du colibri. Devinez qui est qui...

les œufs contiennent des absorbeurs de chocs intégrés, comme le blanc d'œuf, qui protège l'embryon

Absorbeurs de chocs

🪶 Au cours du développement de l'œuf et de sa descente dans l'oviducte, l'albumen (blanc d'œuf), constitué essentiellement de protéines, sert tout d'abord d'absorbeur de choc pour l'œuf, avant de fournir les éléments de croissance de l'embryon.

🪶 La masse blanchâtre filandreuse observée lorsqu'on casse un œuf, appelée chalaze, fonctionne aussi comme absorbeur de choc.

🦅 À fleur d'eau

Les jacanas d'Amérique du Sud et d'Amérique centrale, d'Asie et d'Afrique, ont de longues pattes et de très longs doigts et ongles pour marcher sur des feuilles de nénuphar et autres végétaux flottants sur lesquels ils nichent. Si le nid menace de sombrer, le mâle prendra les œufs sous ses ailes pour les transporter à un autre endroit. Lorsque les petits seront nés, le mâle les transportera également sous ses ailes, leurs longues pattes traînant derrière eux.

PETITS ET GRANDS MARTINS-PÊCHEURS

✿ Le martin-pêcheur à tête rousse d'Afrique pèse au mieux 9 à 12 g.

✿ Le martin-chasseur d'Australie peut atteindre 490 g.

martin-chasseur d'Australie

plus de 66 millions d'oiseaux ont été
bagués pour la seule Amérique du Nord

PLUS D'UN SIÈCLE DE BAGUAGE AU CANADA

*Le 24 septembre 1905, James Fleming bagua le premier oiseau
du Canada, un merle d'Amérique, à Toronto. Aujourd'hui, plus de
900 bagueurs canadiens licenciés baguent 300 000 oiseaux
migrateurs chaque année. La base de données
nord-américaine contient plus de 66 millions de rapports
de baguage, et près de 4 millions de bagues
retrouvées.*

une mésange bleue boit du lait à la
bouteille après avoir percé le bouchon

SUPER MARTINETS

Les martinets sont très rapides.
Des martinets épineux ont été pointés
à 170 km/h.

Les martinets passent la majeure
partie de leur temps en l'air.

Les martinets s'accouplent en vol,
le mâle se posant sur le dos de la femelle.

Les martinets nouveaux-nés
ont la faculté d'entrer dans une sorte
de torpeur pendant un ou deux jours
si, par mauvais temps, les parents ne
peuvent rapporter des insectes.

Adaptés à un mode de vie en
altitude, les martinets ont davantage
de globules rouges dans le sang que
la moyenne, et leur hémoglobine est
plus apte à capter de l'oxygène.

Contrairement à beaucoup
d'oiseaux de leur taille, les martinets
ont un taux de mortalité bien
inférieur à la moyenne et peuvent
vivre jusqu'à 20 ans dans certains cas.
Pendant ce temps, ils auront volé pas
moins de 6 millions de kilomètres.

✦ Une cervelle d'oiseau ?

Bien que l'instinct conditionne leurs actions, les oiseaux sont capables
d'apprendre, comme le prouve la mésange bleue. Au début du XXᵉ
siècle, il était courant de livrer les bouteilles de lait devant la porte.
Ces bouteilles étaient fermées par de simples bouchons en papier,
que les oiseaux pouvaient percer facilement pour se régaler de la crème
en surface. Cette découverte, faite par sans doute un ou quelques
oiseaux, se répandit à travers toute la population des mésanges
en quelques années. Des opercules en aluminium furent alors utilisés
pour tromper les oiseaux. Très rapidement, cependant, toute la
population des mésanges apprit à percer les capsules en aluminium.

le grèbe huppé est un excellent plongeur et nageur

SPÉCIALISTES DE L'EAU

Les grèbes plongent pour échapper à un danger plutôt que de s'enfuir. Leurs pattes sont placées loin à l'arrière du corps, ce qui rend leur marche difficile. C'est pourquoi ils s'aventurent rarement hors de l'eau. Leur palmure lobée est particulièrement bien adaptée à la nage.

Taille des couvées

✿ La taille d'une couvée (le nombre d'œufs) dépend d'un grand nombre de facteurs : espèces, climat, un seul ou deux parents pour incuber et nourrir les petits, oisillons nidifuges (qui sortent du nid rapidement) ou nidicoles (qui doivent rester au nid pour grandir), taille des œufs, etc.

✿ En général, les couvées sont plus grandes loin de l'équateur (où la saison de reproduction est plus courte), et dans les nids couverts ou installés dans des trous, où le climat et les prédateurs sont moins cruciaux que dans les nids ouverts.

✿ Les oiseaux auront autant de petits qu'ils pourront en élever dans leur environnement spécifique.

✿ Les canards, grands oiseaux aux poussins nidifuges (ils peuvent quitter le nid et se nourrir seuls juste après leur éclosion), ont de nombreux poussins, même si seule la mère assure la protection.

✿ Les manchots d'Antarctique subissent un environnement extrême. Bien que les deux parents incubent et nourrissent les petits, seulement un ou deux œufs seront pondus.

VOLER EN ARRIÈRE

Les colibris volent fréquemment en arrière. Le phaéton à brins rouges, un oiseau marin, volerait lui aussi en arrière pendant sa parade nuptiale.

un colibri

dendrocygnes à ventre noir

1, 2, 3, 4, 5... allons bon, où est passé le dernier ?

Petits et grands oiseaux de proie

🕊 Le fauconnet de Bornéo, présent dans le nord-ouest de l'île de Bornéo, ne mesure que 14 à 15 cm de long, y compris sa queue de 5 cm, pour un poids de 37 g.

🕊 Le condor des Andes, présent tout au long de la cordillère des Andes, est le plus grand rapace. Il mesure 1,20 m de haut, avec une envergure de 3 m, et pèse de 9 à 14 kg.

le condor des Andes est le plus grand oiseau de proie

COORDINATION DU CŒUR ET DES POUMONS : LE CŒUR D'UN OISEAU BAT ENVIRON NEUF FOIS POUR CHAQUE RESPIRATION.

LA DANSE DU TÉTRAS

Le grand tétras, ou grand coq de bruyère, est le plus grand de la famille des tétras. Les mâles ont une parade nuptiale complexe destinée à attirer les femelles lors de rassemblements collectifs sur des lieux appelés "places de chant". Le chant de parade est composé de cris gutturaux et de gloussements, suivis par un bruit semblable à celui d'une bouteille qu'on débouche. Le mâle tient sa queue verticale et déployée, le bec dressé et parade, effectuant de petits sauts, bondissant rapidement en battant bruyamment des ailes.

le grand tétras impressionne les femelles avec un bruit de bouteille qu'on débouche

POURQUOI LES OISEAUX VOLENT-ILS ?

1 La faculté de voler fut développée pour fuir les prédateurs.

2 Voler devint ensuite très utile pour trouver de la nourriture.

3 Les oiseaux volent pour trouver l'habitat qui leur convient.

4 Voler est aussi utile pour trouver un nid.

5 Les oiseaux volent pour trouver le meilleur climat.

une alouette sur un timbre danois

SANGLÆRKE
ALAUDA ARVENSIS
2,80
DANMARK

LES OISEAUX DE ST. PIERRE

Le nom de *pétrel* vient de la danse légère à la surface des eaux de ce délicat oiseau marin, d'où l'allusion à saint Pierre, l'apôtre qui marcha sur l'eau.

LE PÈRE DE L'ORNITHOLOGIE AMÉRICAINE
Alexander Wilson est né en Écosse en 1766. Tisserand de formation, il devint colporteur et poète. En 1794, il s'installa aux États-Unis comme professeur d'école, où son sens aigu de l'observation et sa passion pour les oiseaux fit rapidement de lui un expert. Entre 1808 et 1813 il publia American Ornithology, l'un des ouvrages les plus élaborés de son temps sur les oiseaux.

Alexander Wilson

Six règles pour apprendre à votre perroquet à parler

1 Assurez-vous que votre oiseau est en bonne santé.

2 Commencez par des scéances courtes et fréquentes.

3 Commencez par des mots courts, comme *hé*, *salut*, ou *bonjour*.

4 Encouragez votre oiseau avec des félicitations lorsqu'il répond.

5 N'ajoutez pas de mots nouveaux tant qu'il n'a pas retenu le précédent.

6 Restez zen ; certains oiseaux apprennent moins vite que d'autres.

HUIT RÈGLES
POUR BIEN NOURRIR

1 Placez la nourriture en plusieurs endroits et changez-en régulièrement pour éviter que ces endroits ne deviennent trop sales. Évitez de nourrir un grand nombre d'oiseaux trop longtemps à la même mangeoire.

2 Nettoyez le sol sous la mangeoire ou déplacez-la régulièrement.

3 Nettoyez la surface de la mangeoire.

4 Après nettoyage, désinfectez la mangeoire ou trempez-la quelques minutes dans une solution à 5 % d'eau de Javel. Rincez abondamment.

5 L'eau doit être propre et les récipients changés et désinfectés régulièrement.

6 Ne donnez que des produits frais. La nourriture moisie est un nid à bactéries.

7 Utilisez des gants en caoutchouc pour nettoyer la mangeoire et les récipients d'eau.

8 Guettez les signes de maladie des oiseaux autour de ces lieux et informez-en les autorités sanitaires. Les verdiers sont particulièrement sensibles aux salmonelles.

marabout chevelu perché sur un arbre

LES MARABOUTS

Le marabout chevelu a une tête nue, virant parfois au vert à cause des algues s'installant sur la peau de son crâne. Il vit dans des marécages. Les troupes britanniques en Inde le nommèrent "cigogne adjudant" à cause de sa manière un peu pompeuse de marcher au pas.

des mangeoires propres et bien entretenues pour des oiseaux en bonne santé

VARIATIONS DE POPULATION

Dans des conditions stables, les populations d'oiseaux fluctuent tous les ans. Dans la plupart des cas, les populations varient de 10 à 20 % par an, mais des variations de ressources alimentaires ou des changements importants du climat peuvent induire des régressions importantes.

un rougegorge

LA VIE EST DURE : SEUL UN ROUGEGORGE SUR QUATRE SURVIT JUSQU'À MATURITÉ.

LE GYPAÈTE BARBU

C'est l'un des plus grands rapaces. Présent en Afrique, au Moyen-Orient et en Asie, on peut aussi l'observer en France dans les Pyrénées et les Alpes, dans les massifs de la Vanoise, des Écrins et du Mercantour, ainsi qu'en Corse. Il se nourrit de petits animaux, mais son régime consiste surtout en os de grands mammifères. Il se saisit d'un os de la carcasse, vole très haut au-dessus de rochers et le laisse tomber de sorte qu'il se casse en mille morceaux. L'oiseau prend les morceaux et les avale. Les acides (forts) de son estomac font le reste.

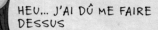

une carcasse de cheval fournira au gypaète barbu un fabuleux festin

✦ Comment manger sans dents ?

✿ Au cours de l'évolution, les oiseaux ont perdu leurs lourdes dents pour s'alléger et ainsi s'adapter au vol. À la place, des becs plus légers, étroits, pointus, crochus, dentelés ou croisés, se sont adaptés pour attraper la nourriture et la manger.

✿ Ne pouvant mâcher leur nourriture, les oiseaux sont limités par ce qu'ils peuvent digérer, comme les graines ou les noix. Le transit digestif débute par le stockage et une prédigestion dans le jabot, une extension de l'œsophage.

✿ La nourriture prédigérée descend alors dans l'estomac, qui comprend deux parties. La première partie est une structure glandulaire à membrane fine qui fournit des éléments chimiques (acides et enzymes) favorisant la digestion ; la seconde, appelée gésier, très musculeuse et aux parois épaisses, effectue le travail mécanique de broyage. Pour augmenter l'efficacité du broyage, certains oiseaux ingèrent des petits gravillons. Malheureusement, ils peuvent aussi ingérer des plombs de chasse qui les empoisonneront.

HEU... J'AI DÛ ME FAIRE DESSUS

Les vautours et les cigognes, pour se rafraîchir par évaporation, excrètent leurs déjections sur leurs pattes. On appelle urohydrose ce mécanisme de survie dans des environnements chauds et secs.

un pluvier argenté mangeant un ver

Les oiseaux hibernants d'Aristote

Aristote fut l'un des premiers observateurs des oiseaux et de leurs migrations. Ses hypothèses furent considérées comme vérité pendant des siècles. Il pensait par exemple que les oiseaux hibernaient, ce qui fut pris comme un fait établi jusqu'au XIXᵉ siècle. Il postula que la disparition de nombreuses espèces à l'automne s'expliquait par leur passage à un état de torpeur, cachés dans des grottes, des trous ou des marais. Certains observateurs décrivirent alors des groupes d'hirondelles perchées sur des roseaux en nombre tel que ceux-ci plongeaient dans l'eau, où les oiseaux passaient l'hiver. On disait même que lorsque les pêcheurs relevaient leurs filets, ils pouvaient prendre à la fois des poissons et des oiseaux en hibernation…

dalle gravée du XVᵉ siècle, par Luca Della Robbia, sur la tour d'enceinte de Santa Maria del Flore à Florence, montrant Platon et Aristote (à gauche)

PRODUITS DANGEREUX POUR OISEAUX

Bombes aérosols

Parfums

Fumée

Pesticides

Colle

Peinture

Décap-four

Désinfectants

Gaz de ville

Vapeurs de téflon

GRANDS TERRASSIERS

Les guêpiers nichent dans des trous, qu'ils creusent avec leur bec et en grattant le sol avec leurs doigts partiellement attachés. Le trou peut dépasser 1 m de long.

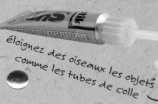

éloignez des oiseaux les objets comme les tubes de colle

le guêpier à front blanc mange des abeilles, des guêpes et autres insectes

Le folklore du coucou

❧ Le coucou, annonciateur du printemps autant qu'oiseau de mauvais augure, symbolise l'adultère et autres tromperies amoureuses.

❧ En Lorraine, le chant d'un coucou à proximité d'une maison annonce une mort prochaine, alors qu'en Bretagne et en Finlande, il présage aux jeunes filles un mariage avant l'hiver.

❧ En Russie, on pense que le coucou peut prédire le nombre d'années qu'une personne va vivre. Entendant un coucou, la personne questionne : "coucou, combien d'années me reste t-il à vivre ?" Le nombre d'appels du coucou lui donnera la réponse.

❧ L'arrivée du coucou, entre le 21 mars et le 15 avril en France, annonce le printemps, comme celle de la cigogne ou de l'hirondelle, mais si, lorsque le coucou apparaît, les arbres ne sont pas encore verts, il faut alors s'attendre à une pénurie de blé.

❧ Au Bangladesh, on pense que le coucou est l'incarnation d'un mari en deuil qui pleure sa femme.

En Angleterre, si une laitière entendait le coucou avant son déjeuner, c'était un mauvais présage pour la journée

OISEAUX À INFRASONS

Les casoars, oiseaux non volants d'Australie pouvant peser plus de 50 kg, produisent un son mugissant si bas que les humains ne peuvent pas l'entendre.

POUR ÉLOIGNER LES PICS DE VOTRE MAISON

Il peut arriver que les pics s'attaquent au bois de votre maison. Voici quelques solutions pour les en dissuader :

1 Placez une feuille de métal sur la zone attaquée.

2 Accrochez des plats en aluminium ou des mobiles comme épouvantails.

3 Installez une figurine de hibou ou de serpent aux environs.

4 Sortez pour effrayer l'oiseau quand vous le voyez.

illustration du début du XXᵉ siècle représentant des pics à dos noirs

ORNITHOMANCIE : technique réputée de divination dans la Rome ancienne, consistant à interpréter les formes du vol des oiseaux. Le résultat de cette divination était appelé l'auspice, de avis (oiseau) et spicere (observer).

mosaïque de Minerve, la déesse romaine de la sagesse, symbolisée par sa chouette

Le bon nombre est quatre

La saison de reproduction est si courte en Arctique et dans le grand Nord, que les échassiers programment leur nidification pour que les oisillons éclosent en même temps que la plupart des insectes, afin de pouvoir leur donner une nourriture abondante. La plupart des échassiers pondent quatre œufs dans leur nid, qui pourra être une simple dépression creusée dans le gravier ou le sable, de l'herbe piétinée ou un vrai nid aménagé avec des végétaux. Les œufs sont pondus le bout pointu vers l'intérieur pour éviter qu'ils roulent. Quatre œufs s'imbriquent très bien, leurs bouts pointus rassemblés, ce qui est bon pour l'incubation. Mais trois ou cinq œufs conviendraient aussi, alors pourquoi quatre ? Peut-être parce que quatre œufs, pondus en moins d'une semaine, pèsent près de 25 à 30 % du poids de la femelle – comme si une femme donnait la vie à un bébé de 18 kg… Quatre est donc sans doute le nombre optimal.

observation d'oiseaux en Argentine

Bird-watcher

❖ En France, on privilégie le terme anglais "bird-watcher" pour désigner un ornithologue amateur. Pour certains, ce mot n'aurait pas d'équivalent français : le mot "ornithologue" est trop scientifique et concerne davantage les chercheurs et les spécialistes et l'expression "observateur d'oiseaux" est trop réductrice.

❖ Qu'il s'agisse de "bird-watcher", d'ornithologue amateur ou d'observateur d'oiseaux, toutes ces expressions font référence à des amateurs qui ont pour passion l'observation de cette magnifique faune ailée !

Voler à fleur d'eau

Le bec-en-ciseaux noir est un oiseau côtier qui se nourrit en volant au ras de l'eau, sa mandibule inférieure coupant la surface de l'eau. Lorsqu'il heurte une proie, comme un calmar ou un poisson, il la capture. La mandibule inférieure est donc exposée à l'usure et aux détériorations. Pour se régénérer, elle pousse plus vite que la mandibule supérieure. Si l'oiseau était gardé en captivité sans possibilité de se nourrir en rasant les flots, sa mandibule inférieure finirait par s'allonger.

SPA POUR GANGA

Les gangas prennent régulièrement des bains de poussière, n'hésitant pas à rouler sur le dos, pattes en l'air.

ÉCONOMISER L'ÉNERGIE

❖ Les petits oiseaux comme les troglodytes, les mésanges ou les grimpereaux peuvent rester perchés en groupes, séparés ou mixtes, pour conserver leur chaleur en se réchauffant l'un l'autre. Ils peuvent ainsi économiser 50 % de leur chaleur corporelle par nuit froide.

❖ L'énergie consommée par distance parcourue est moins élevée chez les oiseaux que chez les mammifères, mais plus élevée que chez les poissons.

❖ En vol, certains oiseaux peuvent alternativement battre des ailes et planer, ou replier leurs ailes le long du corps, ce qui les fait chuter, l'ensemble constituant une trajectoire ondulante. Ces stratégies de vol sont destinées à réduire l'énergie consommée.

les mésanges se perchent en groupe pour se tenir chaud et conserver leur énergie

TERRITOIRES D'ESPÈCES EN DANGER

Plus de 70 % d'espèces d'oiseaux considérées comme en danger ont des territoires couvrant moins de 50 000 km². Environ 150 espèces sont cantonnées dans des territoires de moins de 3 000 km².

un colibri roux sur une mangeoire de jardin

Nourrir les colibris : ne pas faire d'erreur

1 Donnez-leur à boire de l'eau sucrée, diluée à 1/4 ou 1/5 (pas d'édulcorant à la place du sucre).

2 Une trop forte concentration de sucre pourrait le faire se cristalliser dans le bec des oiseaux, et le gâter.

3 Nettoyez la mangeoire régulièrement et changez la nourriture tous les deux jours.

4 Une coloration rouge les attirera mais ils trouveront la mangeoire quelle qu'en soit la couleur.

5 Si vous préférez ne pas colorer l'eau, attachez un ruban rouge à la mangeoire pour attirer les oiseaux.

7 Ils ne viennent pas ? C'est qu'ils préfèrent le nectar naturel. Attendez que les fleurs fanent et vous les verrez arriver.

8 Garder les mangeoires installées tout l'hiver n'empêchera pas les oiseaux de migrer.

UN ŒIL DE FAUCON

Les oiseaux ont besoin d'une excellente vue pour se diriger à travers la végétation ou pour repérer leurs proies de loin.

✿ La rétine, cette couche de cellules photosensibles au fond de l'œil, est bien plus développée chez les oiseaux que chez les humains.

Un aigle possède une rétine avec cinq fois plus de cellules que l'homme. Si nous possédions la même vue que les aigles ou les faucons, nous serions capables de lire un journal à 25 m de distance…

✿ Beaucoup d'oiseaux ont deux fovéas (zones de la rétine permettant la vision la plus nette). Essayez ceci :

1 Tenez un doigt à 60 cm de votre visage. Vous pouvez le voir car la mise au point de l'image se fait sur la fovéa.

2 Maintenant tenez un doigt à 60 cm à gauche de votre visage et tournez les yeux

(pas la tête) pour le voir. L'image n'est pas nette car la lumière ne frappe pas la fovéa.

✿ Avec plusieurs fovéas, la plupart des objets vus par les oiseaux sont nets. Les faucons, par exemple, ont deux fovéas. Certains oiseaux marins et échassiers ont une fovéa en forme de ruban traversant le fond de l'œil, ce qui favorise leur orientation par rapport à l'horizon.

OISEAU SYMBOLE

La grue du Japon est le symbole de longue vie, paix, bonheur et fidélité pour les habitants du Japon et d'autres pays d'Asie.

la buse à queue rousse a une excellente vue

la grue du Japon se reproduit l'été en Sibérie et en Chine, puis retourne en Asie orientale pour l'hiver

JACANAS MAIS CONTENTS

Les jacanas sont polyandres, une femelle s'accouplant avec plusieurs mâles. C'est ainsi que les mâles, bien souvent, couvent et élèvent les petits d'autres mâles. Mais bon, comme certains des œufs sont quand même les siens, cela reste un arrangement raisonnable.

Mortelle migration

❖ D'innombrables petits oiseaux migrateurs meurent chaque année sur le trajet vers leur lieu d'hivernage.
❖ Les faucons d'Éléonore se reproduisent en automne pour attaquer les passereaux migrant à travers la Méditerranée, et en nourrir leurs petits.
❖ 10 à 15 % seulement des passereaux migrateurs nés dans l'année deviennent adultes reproducteurs l'année suivante.

PICS SUCEURS DE SEVE
Certains pics creusent de petits trous dans les troncs d'arbre, qui réagissent en exsudant de la sève. Non seulement ces pics sucent la sève avec leur langue en forme de brosse, mais ils mangent aussi les insectes venus boire la sève.

COLLISIONS

❖ Le premier accident fatal mettant en cause un oiseau eut lieu en 1912, lorsqu'un avion percuta une mouette au-dessus de la Californie et s'écrasa dans l'océan, tuant son pilote.

❖ On estime que 195 personnes dans le monde ont été tuées depuis 1988 du fait de la collision avec des oiseaux.

❖ Les collisions d'oiseaux avec les avions, civils ou militaires, causent 600 millions de dollars de dommages par an.

les collisions d'oiseaux avec les avions peuvent avoir des conséquences fatales

le faucon d'Éléonore, prédateur des passereaux migrateurs

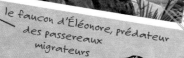

dodo

LE DERNIER DODO EMPAILLE FUT DETRUIT DANS UN INCENDIE A L'UNIVERSITE D'OXFORD, EN ANGLETERRE, EN 1755.

CHASSEURS D'AIGLES

À une époque où on donnait une prime pour la capture d'un aigle, les habitants de Værøy dans les îles Lofoten, en Norvège, attrapaient les aigles royaux à mains nues. Les chasseurs cachés dans des grottes plaçaient des appâts puis, allongés, attendaient les aigles, qu'ils attrapaient d'une détente de bras lorsqu'ils atterrissaient. Les grottes des chasseurs d'aigles sont toujours visibles aujourd'hui.

QUELQUES OISEAUX DANS LA LITTÉRATURE

Les oiseaux, Aristophane

La conférence des oiseaux,
        Farid Uddin Atta

L'oiseau blanc, Denis Diderot

La mouette, Anton Tchekov

L'oiseau sans pattes,
        Jean Cocteau

Le roi et l'oiseau,
        Jacques Prévert

L'oiseau bagué, Jean Giono

L'épervier de Maheux,
        Jean Carrière

PLUS UN TIERS

1 Dans de nombreux habitats, la longueur totale de la saison de reproduction est un tiers plus longue que la moyenne de cette période chez toutes les espèces d'oiseaux.

2 Pour calculer le temps total de la période de reproduction, additionnez toutes les périodes de reproduction de tous les oiseaux de la zone, faites la moyenne et ajoutez un tiers.

3 En Laponie, par exemple, le temps moyen de reproduction des espèces est de 0,96 mois. Toutes les espèces de Laponie se reproduisent en 1,32 mois (40 jours), soit environ un tiers plus long que 0,96.

Eh ben! à 2 ou 3 jours près, on restait scotchés sur cet œuf jusqu'à l'année prochaine...

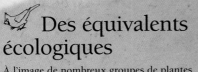

Des équivalents écologiques

À l'image de nombreux groupes de plantes ou d'animaux, les différentes espèces ou groupes d'oiseaux remplissent des rôles différents en différents lieux de la planète.

✿ En Amérique, les colibris sont les principaux nectarivores. En Afrique et en Asie, ce sont les souimangas.

✿ Les sturnelles d'Amérique du Nord et les sentinelles d'Afrique occupent toutes deux un habitat similaire de prairies. Bien que de familles différentes, ces espèces ont développé des plumages remarquablement similaires.

✿ Les pics ne se sont pas installés aux Galapagos, mais les "pinsons" en revanche y ont évolué en 14 espèces. L'une d'elle, le géospize pique-bois, non seulement imite le pic en cherchant insectes et larves sur les troncs d'arbre, mais parfois le fait avec l'aide d'un outil. Brisant une brindille ou une aiguille de cactus à la bonne longueur, il l'utilise pour faire sortir ses proies.

✿ En Alaska, le rôle de grand oiseau charognard est rempli par le pygargue, en l'absence de vautours.

✿ Le familier pic vert d'Europe ressemble et agit comme le pic flamboyant d'Amérique du Nord.

un souimanga de Christine se nourrissant de nectar

SLATS EN STOCK

Les oiseaux ont, attachées au pouce, un petit groupe de plumes appelé alule, ou aile bâtarde. Cette structure, qui peut être actionnée indépendamment de l'aile, a pour fonction de réduire la turbulence de l'aile, à la manière des "slats" disposés sur le bord d'attaque des ailes des avions modernes.

la guerre de Troie illustrée sur un vase attique

ALBATROS Ces oiseaux appartiennent à la famille des *Diomedeidae*. Diomède, le héros grec de la guerre de Troie, fut exilé avec ses amis sur une île isolée, où ils furent changés en grands oiseaux blancs.

Anna Held, star dans une revue de Broadway, et son extravagant chapeau à plumes

LE COMMERCE DES PLUMES

❖ À la fin du XIXᵉ et au début du XXᵉ siècles, les élégantes de Paris ou de New-York portaient des chapeaux à plumes. Les chapeliers achetaient n'importe quelles plumes de n'importe quel oiseau pour réaliser des modèles aussi exotiques que possible. Certains chapeaux incorporaient même des oiseaux entiers.

❖ Au summum de ce commerce, entre 1870 et 1920, d'innombrables aigrettes, hérons et sternes furent tués pour leurs plumes, qu'on appelaient précisément aigrettes. À Paris, plus de 10 000 personnes étaient employées dans le commerce des aigrettes.

❖ Les officiers napoléoniens ornaient leurs shakos d'une aigrette blanche.

❖ Dans la seule année 1885, plus de 750 000 plumages d'oiseaux furent vendus. Une salle de ventes aux enchères à Londres lista plus d'un million de plumages de hérons ou d'aigrettes entre 1897 et 1911.

❖ Une seule grande aigrette donne 40 à 50 plumes. Il fallait 150 oiseaux pour 1 kg de plumes. En 1902 à Londres, 136 kg de plumes furent vendus, ce qui nécessita au moins 192 000 grandes aigrettes.

❖ En 1903, un chasseur de plumes d'Amérique du Nord recevait 30 dollars par once, – le double du même poids d'or – et les derniers prix atteignirent 80 dollars de l'once.

❖ Sur le marché indien en 1914, les plumes valaient 18 à 20 fois leur poids en argent.

DINOSAURE VOLANT

Microraptor gui était un dinosaure à plumes, volant il y a 125 millions d'années. Contrairement à d'autres reptiles volants, il avait deux paires d'ailes – sur les membres antérieurs et postérieurs – et une queue également dotée de plumes, si bien qu'il volait (ou du moins planait) comme un biplan. Trouvé en Chine, il représenterait un stade intermédiaire du vol des oiseaux.

un indicateur varié et son festin de cire

Indicateurs

Appelés ainsi car les Africains les suivent jusqu'aux nids d'abeilles, les indicateurs mangent des larves d'abeille et la cire des alvéoles, qu'ils peuvent digérer grâce à une bactérie symbiotique de leur intestin. L'oiseau s'associe avec un carnivore, le ratel, qu'il guide jusqu'au nid d'abeille. Le ratel ouvrira le rucher sauvage avec ses griffes, et tous deux pourront manger à leur faim. L'oiseau conduit aussi les humains jusqu'aux ruchers pour le même bénéfice mutuel.

QI D'OISEAU

Un scientifique canadien a créé une échelle de QI adaptée aux oiseaux, basée sur leurs innovations pour se nourrir – jeter des noix sur les routes, utiliser des outils, etc. – qui fut publiée dans une revue scientifique. Les plus malins ? Les geais et les corneilles.

GRAINES DE TOURNESOL

Il y en a des rayées et des noires. Les graines noires conviennent mieux aux oiseaux que les rayées car elles sont plus faciles à ouvrir. On trouve aussi des graines entières ou des morceaux de graines sans coquille. Ce sont bien entendu les plus faciles à manger.

CHICKEN, ALASKA

Vers la fin du XIXᵉ siècle, des mineurs prospectaient l'or en Alaska. La nourriture était souvent rare, mais la région de la 40-Mile River, près de la frontière canadienne, était pourvue en lagopèdes des saules, aujourd'hui emblème national, qui ressemblent au poulet et ont peut-être un peu le même goût. En 1902, lorsqu'on chercha un nom pour ce camp devenu une vraie ville, on suggéra le nom de Ptarmigan (lagopède). Mais comme personne ne savait écrire ce mot, on lui préféra Chicken (poulet).

les graines de tournesol noires sont faciles à ouvrir

un prospecteur d'or en Alaska

Portrait d'un passionné

✿ Les membres les plus actifs des associations d'ornithologie ont entre 55 et 64 ans.

✿ Les moins actifs ont entre 18 et 24 ans.

✿ Les ornithologues amateurs se recrutent souvent parmi les revenus et les niveaux d'étude élevés.

✿ Ils sont le plus souvent originaires des milieux urbains.

✿ Les plus passionnés passent la plupart de leurs week-ends à observer les oiseaux, et y passent aussi leurs vacances, bien sûr…

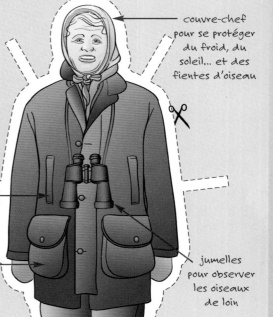

couvre-chef pour se protéger du froid, du soleil… et des fientes d'oiseau

veste imperméable avec poches chauffe-mains

poches profondes pouvant contenir cartes, guides… et sandwiches

jumelles pour observer les oiseaux de loin

bottes pour marcher dans les terrains marécageux

HUGIN ET MUNIN

Dans la mythologie nordique, Odin était informé des nouvelles du monde par ses deux corbeaux Hugin (La Pensée) et Munin (La Mémoire). Les corbeaux parcouraient le monde et revenaient le soir pour chuchoter les nouvelles aux oreilles d'Odin, également connu sous le nom de Dieu Corbeau.

à quand le jacuzzi ?

BAINS D'OISEAUX : CE QU'IL FAUT SAVOIR

1 Plus grand sera le bain, mieux ce sera. Les petits modèles serviront de point d'eau pour boire, tandis que les plus grands inviteront les oiseaux au bain.

2 La pente du bain est cruciale. Un bain trop profond découragerait les oiseaux. 7 à 8 cm est idéal.

3 La surface du fond devra être texturée pour que les oiseaux ne glissent pas.

4 Il est recommandé d'utiliser une couleur claire pour le fond car elle donnera aux oiseaux une meilleure vision du bain et de sa profondeur.

CONDOR MANGE-TOUT

En 2005, on découvrit qu'un jeune condor de Californie, retiré de son nid car il était malade, avait avalé des capsules de bouteille, des fils électriques, des bagues, des cartouches de fusil, des bouts de plastique, des cailloux et des morceaux de verre… que ses parents lui avaient donné à manger.

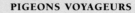

PIGEONS VOYAGEURS

❖ Des pigeons voyageurs ont été utilisés dans la Grèce ancienne pour annoncer les vainqueurs olympiques aux différentes cités.

❖ Avant le télégraphe, les pigeons voyageurs étaient utilisés par les agents de change pour échanger leurs informations.

❖ Les pigeons ont été utilisés comme moyen de communication pendant la Première Guerre mondiale.

tableau de chasse au gibier d'eau vers 1880

PECKING ORDER

Le terme de "pecking order" vient de l'étude de la hiérarchie de dominance chez les poulets, où l'on mesure le nombre de coups de becs reçus et donnés.

🦉 Au début de la protection

À la fin du XIXᵉ et au début du XXᵉ siècle apparurent les premiers affrontements entre chasseurs et écologistes qui souhaitaient mettre fin aux massacres d'oiseaux destinés à la fabrication des chapeaux ou à l'habillement, à la nourriture, ou juste pour le plaisir. Il était urgent de stopper le massacre des oiseaux pour l'industrie de la mode, stopper le piégeage des passereaux, prévenir les pollutions et engager de réels efforts de préservation de l'environnement.

cocorico
cocorico
cocorico

le coq chante pour revendiquer son territoire

OMELETTE EXPRESS

Howard Helmer est entré au livre Guinness des records pour un record insolite : avoir cuisiné 427 omelettes à deux œufs en 30 minutes.

les manchots des Galapagos ont de plus courtes plumes que les autres manchots

statue de Kamehameha Ier dans sa cape de plumes jaunes

PLUMES DE MANCHOTS

❀ Les plumes des manchots se raccourcissent lorsqu'on remonte vers le nord depuis l'Antarctique. Les plumes du manchot des Galapagos sont donc plus courtes que celles du manchot d'Adélie.

❀ En général lorsque les oiseaux muent, ils perdent leurs plumes et de nouvelles repoussent à la place. Chez les manchots, les plumes nouvelles repoussent en chassant les anciennes. Une perte d'isolation serait en effet fatale dans un environnement aussi froid.

CAPE EN PLUMES

Environ 450 000 plumes jaunes provenant de plus de 80 000 mamos (un oiseau noir avec quelques plumes jaunes, qui n'a pas été observé depuis 1907) ont été cousues pour confectionner la cape de Kamehameha Ier (1758-1819), roi de Hawaï. Cette cape, de 1,20 m de large et 3,50 m de long, était transmise aux héritiers comme symbole de la charge royale. Elle est aujourd'hui exposée au Bishop Museum de Oahu.

UNE EXPÉRIENCE FACILE POUR LES ENFANTS

Installez, autour de l'école ou de votre maison, plusieurs mangeoires avec une quantité donnée de graines. Pesez les graines chaque jour et en même temps pour voir quelle mangeoire a attiré le plus d'oiseaux. Tentez d'expliquer pourquoi.

NOUVELLES ESPÈCES D'OISEAUX

Plus de 30 nouvelles espèces d'oiseaux ont été identifiées en ce début de XXIe siècle, la plupart au Brésil, au Pérou et en Indonésie.

2000

🐦 Élénie striée, Équateur et Pérou

🐦 Grisin de Sellow, Brésil

🐦 Bouscarle de Taïwan, Taïwan

🐦 Tétras de Gunnison, USA

🐦 Cabézon du Loreto, Pérou

2001

🐦 Bécasse de Bukidnon, Philippines

🐦 Bergeronnette du Mékong, Bassin du Mékong

🐦 Garrulaxe de Kon-Ka-Kinh, Vietnam

🐦 Pétrel du Vanuatu, Pacifique Sud

🐦 Piauhau à calotte marron, nord de l'Amérique du Sud

🐦 Tyranneau de Chapada, Brésil et Bolivie

🐦 Tyranneau de Mishana, Amazonie péruvienne

🐦 Todirostre de Lulu, Andes péruviennes

2002

🐦 Caïque chauve, Brésil

🐦 Carnifex cryptique, Amazonie brésilienne

🐦 Chevêchette de Pernambuco, Brésil

🐦 Conure de Snethlage, Bolivie et Brésil

🐦 Conure à poitrine ondulée, Amazonie péruvienne

suite de la liste page 146

harpie huppée

Visières

Comme de vulgaires joueurs de poker ou des plagistes, buses et aigles ont des visières. Afin de minimiser l'effet de la lumière, ces oiseaux ont développé une arête cartilagineuse au-dessus de leurs yeux, qui leur fait de l'ombre. C'est aussi ce qui leur donne cet air inquiétant.

UN NICHOIR POUR CHAQUE ESPÈCE

Une configuration spécifique est nécessaire pour fabriquer un nichoir correspondant à chaque espèce d'oiseau. Il faudra trouver les informations suivantes :

1 Taille générale.

2 Dimensions spécifiques en hauteur, largeur et profondeur.

3 Diamètre de l'ouverture.

4 Hauteur de l'ouverture au-dessus du niveau du plancher.

5 Hauteur du nichoir par rapport au sol.

6 Type d'emplacement correspondant à l'habitat de l'oiseau.

On trouve ces informations dans les livres spécialisés ou sur internet. Par exemple le site de la LPO Paca donne un tableau très complet.

À GRAND OISEAU, GRAND CERVEAU ? L'ŒIL DE L'AUTRUCHE EST PLUS GRAND QUE SON CERVEAU.

À FOND SUR DEUX DOIGTS

✿ Seuls oiseaux possédant 2 doigts, les autruches peuvent courir à 70 km/h en vitesse de pointe.

✿ Elles peuvent maintenir une vitesse de 50 km/h

pendant une longue période.

✿ Lorsqu'elle court, l'autruche fait des enjambées de 7 m.

choisissez le bon nichoir correspondant à l'espèce que vous voulez héberger

l'autruche court plus vite que le zèbre

LE POULET À LA RENAISSANCE

À l'époque de la Renaissance, le bouillon de poulet était supposé guérir flatulences, arthrite, maux de tête, indigestion et constipation, tandis qu'on soignait les infirmités motrices et les piqûres de serpents avec de la cervelle de coq. L'histoire ne dit pas si c'était efficace…

nouvelles espèces d'oiseaux –
suite de la page 144

2003

- Sporophile de Carrizal, Vénézuela
- Troglodyte de Munchique, Andes colombiennes
- Kiwi d'Okarito, Nouvelle-Zélande

2004

- Petit-duc de Serendib, Sri Lanka
- Ninoxe des Togian, Indonésie
- Rougegorge à poitrine orange, Tanzanie
- Batara d'Acre, Brésil
- Râle de Calayan, Philippines
- Engoulevent de Mees, Indonésie

suite de la liste page 147

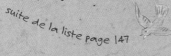

PEUR DES OISEAUX
On l'appelle ornithophobie.
Ceux qui en souffrent
ont pris trop au sérieux
Les Oiseaux d'Hitchcock.

Le coucou et le vacher

Quelques espèces d'oiseaux – les parasites – ont développé cette curieuse habitude de laisser d'autres oiseaux élever leurs petits.

✿ Le coucou est le parasite le plus connu. Il parasite au choix plus de 125 espèces d'oiseaux.

✿ Au lieu de construire un nid, d'y pondre ses œufs, de les incuber puis de nourrir ses petits, la femelle coucou trouve un nid d'une autre espèce, attend que la mère s'absente un moment, et pond en quelques secondes son œuf dans ce nid.

✿ À son retour, la mère ne reconnaît en général pas l'œuf intrus car, dans son évolution, le coucou s'est adapté et pond des œufs ressemblant en taille et en couleur à ceux de l'espèce qu'il parasite.

✿ Après sa naissance, le jeune coucou essaie, souvent avec succès, d'éjecter hors du nid les autres œufs et les petits, en les poussant avec son dos. Le jeune coucou est ensuite élevé par son hôte.

✿ L'espèce hôte peut être nettement plus petite, comme un accenteur mouchet. La différence de taille conduisit Pline, le naturaliste romain, à supposer que le jeune coucou mangeait la femelle hôte lorsqu'il parvenait à sa taille adulte.

✿ Le vacher à tête brune, d'Amérique du Nord, est un autre parasite, qui pond ses œufs dans le nid de 144 espèces différentes. La femelle peut pondre 40 œufs en une saison. Bien que ses œufs ne ressemblent pas à ceux de l'hôte, celui-ci nourrit le jeune vacher, lui donnant plus qu'à ses propres petits.

détail de l'affiche du film Les Oiseaux d'Hitchcock

TRANSMISSION
DE LA GRIPPE AVIAIRE

Bien que rien ne soit vraiment établi, il semble peu probable que les oiseaux sauvages soient la cause de la diffusion du virus de la grippe aviaire. La répartition géographique de la pandémie semble suivre les lignes de chemin de fer et les autoroutes plutôt que les routes migratoires des oiseaux, ce qui désignerait plutôt la volaille comme source de dissémination.

une paruline jaune nourrissant un vacher à tête brune

nouvelles espèces d'oiseaux-
suite de la page 146

2005

🕊 Conure à poitrine soufrée,
   Amazonie brésilienne

🕊 Gobemoucheron d'Iquitos, Pérou

🕊 Mérulaxe de Stiles, Colombie

2006

🕊 Coryllis de Camiguin, Philippines

🕊 Garrulaxe des Bugun, Inde

carte postale (début du XXe)
d'un fauconnier médiéval

LA MUSIQUE DES OISEAUX

Il se disait autant ornithologue que compositeur.
Grand passionné d'oiseaux, Olivier Messiaen (1908-
1992) a parcouru le monde entier pour écouter
les multiples chants d'oiseaux, qu'il retranscrivait
ensuite dans ses compositions.
On a compté jusqu'à 400 chants d'oiseaux
différents dans son œuvre.

🦅 Fauconnerie

❀ On situe traditionnellement
l'origine de la fauconnerie – l'art
de chasser avec un faucon –
en Chine ou au Moyen-Orient,
bien qu'Aristote en fasse mention
dès 384 av. J.-C.

❀ Des fouilles archéologiques
au Moyen-Orient suggèrent
que des oiseaux auraient été
utilisés en fauconnerie depuis
près de 10 000 ans.

❀ Des récits épiques relatent des
histoires de fauconniers arabes
utilisant des oiseaux pour chasser
la gazelle.

❀ Les Croisés rapportèrent
la fauconnerie en Angleterre.
La monarchie en fit un sport de
rois, accessible aux seuls nobles.

DÉMONSTRATION DE FORCE

On a observé chez des couples de
bernaches du Canada, de cygnes
ou de manchots, une sorte
de cérémonie pour fêter la mise
en fuite d'un intrus territorial.

L'OIE À POLIR

En Égypte, les
sculpteurs de
scarabée font avaler
leurs créations de
calcaire, turquoise,
serpentine ou autres
matériaux, à des oies.
Les pierres transitent
par le gésier et en
ressortent avec un
aspect poli.

l'ouette d'Égypte

LA TROISIÈME PAUPIÈRE

1 Les oiseaux ont trois paupières : la supérieure
et l'inférieure se ferment pendant le sommeil.
La troisième est utilisée pour "cligner des yeux".

2 Cette paupière nictitante, fine et transparente,
se déploie à la surface de l'œil très rapidement,
le protégeant et l'humidifiant tout en le gardant
ouvert en tout temps.

3 La paupière est translucide chez la plupart des
oiseaux, mais les oiseaux plongeurs ont une zone
plus claire au milieu, qui agit sous l'eau comme des
lentilles de contact.

L'OISEAU LE PLUS SONORE

Les arapongas d'Amérique
du Sud ont l'une des voix les
plus fortes de tous les oiseaux.
On peut les entendre à 1 km
à la ronde.

*la paupière nictitante –
la troisième paupière –
d'un hibou
moyen-duc*

MALGRÉ UNE LÉGENDE TENACE, LES AUTRUCHES
N'ENFOUISSENT PAS LA TÊTE DANS LE SOL.

➤ Nids de flamants

Les flamants construisent de grands nids en forme de
piédestal, de près de 1 m de large, avec une dépression
au sommet. Ils pondent un seul œuf. Du fait de la longueur
de leurs pattes et de la
forme du nid, une partie
de leurs pattes dépasse
à l'extérieur du nid.

*des flamants et leurs
grands nids en piédestal*

LES OISEAUX DE SCHIEFFELIN

Eugene Schieffelin, pharmacien allemand émigré aux États-Unis, décida un beau jour que tous les oiseaux cités dans l'œuvre de Shakespeare devaient être introduits dans son pays d'accueil. La seule introduction réussie fut celle de l'étourneau sansonnet, introduit à Central Park à New-York en 1890. On les trouve aujourd'hui à peu près partout en Amérique du Nord, à l'exception des régions de l'extrême Nord.

IMMIGRANT BLEU

Le colon qui introduisit l'accenteur mouchet en Nouvelle-Zélande était intrigué par ses œufs bleus.

Jeune étourneau émergeant de son nid dans un arbre

La portance

Pour voler, les oiseaux (et les avions) doivent générer une portance, acquise grâce à la forme des ailes, convexes au-dessus et concaves au-dessous. L'air parcourt un chemin plus long sur le dessus de l'aile qu'en dessous, et circule donc plus vite. Avec l'accélération, la pression diminue. La pression exercée sur le dessus de l'aile est donc inférieure à celle exercée sur le dessous. De la différence de pression résulte une force dirigée vers le haut, la portance. Voici deux petites expériences pour comprendre.

1 Tenez un morceau de papier entre le pouce et l'index, juste en-dessous de votre lèvre inférieure. Soufflez fort sur le dessus de la feuille. Que se passe t-il ? L'air soufflé circule plus vite sur le dessus, l'air du dessous exerce une plus grande pression, et le papier va donc s'élever.

2 Prenez un sèche-cheveux et une balle de ping-pong. Réglez le sèche-cheveux au maximum, inclinez-le verticalement et mettez la balle dans le flux d'air. Elle s'y tiendra aussi longtemps que le sèche-cheveux soufflera. Ralentissez maintenant la soufflerie. Jusqu'où pouvez-vous réduire et garder la balle en l'air ? La compression de l'air ralenti par la balle exerce une force contraire à la gravité, qui suffira à la maintenir en l'air (jusqu'à un certain point quand même).

OISEAUX ET PAPILLONS

Le mâle de la coquette à queue fine, un colibri de Colombie, garde les plants d'inga en fleurs et attaque tout intrus. La femelle se nourrit de ces fleurs, de même qu'un grand papillon, le sphinx ceinturé, qui est d'une apparence assez proche de la femelle colibri. Ils sont même si ressemblants, en fait, que le mâle considère ce papillon comme une partenaire possible et continue de défendre son territoire contre tout arrivant, y compris contre les tyrans mélancoliques, qui sont prédateurs de ces papillons.

OISEAUX DE GARDE

Les agamis, cousins des grues en Amérique du Sud, sollicitent des caresses de la part de leurs propriétaires et quémandent de la nourriture. Ils se comportent aussi comme des "chiens de garde", réagissant aux bruits inhabituels.

TRAVAILLEURS À LA CHAÎNE

Dans les chaînes de production de pilules et autres pastilles, il est nécessaire d'écarter les défauts de fabrication, les abimées ou cassées. Des oiseaux bien entraînés remplacent avantageusement les humains dans ce travail fastidieux.

l'Australie interdit l'exportation d'animaux sauvages. Les perroquets sont élevés en captivité, protégeant ainsi les populations sauvages

Perroquets en danger

Selon les statistiques, l'Union Européenne serait le plus gros importateur de perroquets sauvages. Entre 1997 et 2000, l'Europe aurait importé 469 602 oiseaux sauvages de 111 espèces. Les perroquets sont davantage menacés d'extinction que n'importe quelle autre famille d'oiseaux. En cause, le trafic d'animaux domestiques et la destruction des milieux.

🐦 Bien choisir son guide d'identification

1 Les guides de terrain existants décrivent de quelques dizaines à quelques centaines d'espèces selon la géographie couverte. Un guide généraliste (par exemple des oiseaux d'Europe) vous donnera environ 800 à 900 espèces. Ce sera votre choix si vous voyagez beaucoup.

Si vous restez principalement dans votre région, il vaudra mieux un guide plus spécialisé.

2 Les amateurs confirmés préféreront un guide complet, tandis que les débutants choisiront plutôt un guide ne présentant que les espèces phares.

3 Faites-vous votre propre idée.

La plupart des bons guides ont des formats similaires, pratiques à consulter sur le terrain, sont organisés de la même manière, avec des illustrations couleurs, des descriptions d'espèces et des cartes de répartition.

4 Demander conseil à un ornitho confirmé est encore la meilleure manière de choisir son guide.

en voyage en Inde, seul un bon guide de terrain vous permettra d'identifier ce drongo à ventre blanc

ŒUFS FRAIS : mettez un œuf dans un verre d'eau. Il tombera au fond s'il est frais. Les œufs moins frais flotteront car leur humidité, s'étant évaporée à travers les tissus, est remplacée par de l'air

pas frais – un œuf vieux de 1000 ans

pour avoir un œuf frais, prenez celui du fond

SAVEZ-VOUS IMITER UN CRI D'OISEAU ?

Bien que nous ayons souvent l'impression de réussir à imiter l'appel de tel ou tel oiseau, celui-ci ne se laissera sans doute pas tromper car son oreille est bien plus discriminante que la nôtre. Malgré tout, il n'est pas inutile de poursuivre ses efforts d'imitation. Un jour ou l'autre, vous réussirez une belle observation grâce à cela.

un guide naturaliste à Trinidad imitant l'appel d'un oiseau

l'hirondelle, comme ici l'hirondelle rustique, est l'une des quelques centaines d'espèces présentes dans l'œuvre de Shakespeare

PERDRE SES PLUMES

Lorsque les oiseaux perdent les plumes de leurs ailes lors de la mue, le risque existe qu'ils soient déséquilibrés. Mais comme la nature fait bien les choses, les plumes muent une par une symétriquement, si bien que chaque aile a le même nombre de plumes manquantes. Il y a cependant des exceptions. Les oiseaux d'eau, par exemple, revêtent un plumage dit d'éclipse, où toutes les plumes de vol sont perdues simultanément, les oiseaux ne pouvant voler jusqu'à ce qu'elles repoussent.

Oiseaux préhistoriques

❖ Environ 1 700 espèces d'oiseaux ont été identifiés par des restes fossiles.

❖ Parmi ceux-ci, 800 sont encore présents, et 900 sont éteints.

❖ Au cours des quelque 150 millions d'années de la vie des oiseaux, on estime que 166 000 espèces auraient existé, parmi lesquelles 10 000 demeurent aujourd'hui.

❖ En se basant sur l'étude de l'ADN, on a déterminé que la durée de vie d'une espèce d'oiseaux est en moyenne de 25 000 ans.

des jolis pulls pour les manchots pygmées

LES OISEAUX DE SHAKESPEARE

Il y a pas moins de 600 références aux oiseaux dans l'œuvre de Shakespeare.
Parmi celles-ci :

Accenteur	Canard
Aigle	Choucas
Alouette	Colombe
Autruche	Colvert
Balbuzard	Coq
Bécassine	Corbeau
Bécasse	Corbeau freux
Bruant	Cormoran
Caille	Corneille

suite de la liste page 153

DES PULLS POUR MANCHOTS

Le Conservation Trust de Tasmanie a demandé à des bénévoles de tricoter des pulls pour les manchots. Plus de 1 000 pulls ont été tricotés, à la taille du manchot pygmée qui vit au sud des côtes australiennes. Les petits pulls évitent aux oiseaux, victimes fréquentes des pollutions marines, d'ingérer du pétrole en se lissant les plumes… et leur tiennent chaud, bien sûr, tant qu'ils sont en centre de soins.

🦉 Colibris bernache-stoppeurs

Certains disent que les colibris effectuent leur migration de printemps vers le nord depuis la péninsule du Yucatan, au Mexique, jusqu'à l'intérieur des États-Unis, sur le dos d'une bernache du Canada. Personne ne sait comment est né ce mythe, mais il faut reconnaître qu'on a du mal à imaginer de si petits oiseaux parcourir 800 km de vol non stop. Pourquoi une bernache plutôt qu'une autre espèce, on ne sait pas, mais le fait est qu'ils font bien ce trajet… tout seuls.

colibri à longue queue

le grand-duc d'Amérique est l'oiseau officiel de l'Alberta

LARYNX ET SYRINX

Les humains produisent les sons avec leur larynx. Les oiseaux, eux, ont un organe appelé syrinx, qui possède un ensemble de muscles et de membranes à travers lesquels s'écoule l'air. Pratiquement tout l'air traversant le syrinx produit un son, contre 2 % seulement chez les humains.

oiseaux de Shakespeare – suite de la page 152

OISEAUX EMBLÊMES DU CANADA

oiseau national du Canada	Plongeon huard (imbrin)
Alberta	Grand-duc d'Amérique
Colombie britannique	Geai de Steller
Île du Prince Edward	Geai bleu
Manitoba	Chouette lapone
Nouveau Brunswick	Mésange à tête noire
Nouvelle-Écosse	Balbuzard pêcheur
Nunavut	aucun
Ontario	Plongeon huard (imbrin)
Québec	Harfang des neiges
Saskatchewan	Tétras à queue fine
Terre-Neuve	Macareux moine
Territoires du Nord-Ouest	Faucon gerfaut
Yukon	Grand corbeau

Coucou	Paon
Crave	Pélican
Crécerelle	Perroquet
Cygne	Phénix
Dinde	Pie
Étourneau	Pigeon
Faisan	Pinson
Faucon	Pintade
Geai	Plongeon
Grive	Poule d'eau
Héron	Rossignol
Hibou	Rougegorge
Hirondelle	Troglodyte
Martin-pêcheur	Vanneau
Merle	Vautour
Milan	
Moineau	
Mouette	
Oie	

☛ Index

✝ Crédits

Quarto remercie les personnes et organismes ayant participé à l'illustration de cet ouvrage :

h haut, **b** bas, **c** centre, **g** gauche, **d** droit

8bg illustration Olivia
9hd, 26cd, 48hg Robin Berry
10b Photo12.com/Cinema Collection
13h Corbis
14hg Joe McDonald/Corbis
16hg Paul Souders/Corbis
17hd Leif Skoogfors/Corbis
18hc, 144hg Penny Cobb
18hg Tim Zurowski/Corbis
19hg Stuart Westmorland/Corbis
20b Danny Lehman/Corbis
22h Tobias Bernhard/zefa/Corbis
23b Daphne Kinzler/Frank Lane Picture Agency/Corbis
25b Mary Evans Picture Library/Alamy
28h Bettmann/Corbis
28bg Fridmar Damm/zefa/Corbis
30 Pat Doyle/Corbis
31bg Ralf Hirschberger/dpa/Corbis
32h Eric and David Hosking/Corbis
34hd Swim Ink 2, LLC/Corbis
35b Kevin Schafer/Corbis
36h Jonathan Blair/Corbis
37h Malcolm Kitto/Papilio/Corbis
38h Roger Tidman/Corbis
39b Joe McDonald/Corbis
40h Adam Woolfitt/Corbis
41h Eric and David Hosking/Corbis
44h Onne van der Wal/Corbis
44b Steven Holt/Vireo
46c Robert Pickett/Corbis
47h Hulton-Deutsch Collection/Corbis
47b iStockphoto.com/pflorendo photography
52hd Richard Crossley/Vireo
54h Robert Ridgely/Vireo
56bg David Tipling/Vireo
57bd J Alonso A/Vireo
59bd Rob Curtis/Vireo
60b Bettmann/Corbis
61h Peter Johnson/Corbis
63h Michael & Patricia Fogden/Corbis
64h Chase Swift/Corbis
66h DK Limited/Corbis
67b Lynda Richardson/Corbis
68bg J Schumacher/Vireo

69 Keren Su/Corbis
71h Academy of Natural Sciences of Philadelphia/Corbis
72b Paul Souders/Corbis
73h Peter Johnson/Corbis
73b Academy of Natural Sciences of Philadelphia/Corbis
74h Peter Johnson/Corbis
74bd Jonathan Blair/Corbis
75c Tom Stewart/Corbis
77b Universal/The Kobal Collection
80bd Hulton-Deutsch Collection/Corbis
81bg, 107hg, 129bd Andy Finlay
82 Kevin Schafer/Corbis
83b Chris Hellier/Corbis
84bg DK Limited/Corbis
86b Bettmann/Corbis
87 John James Audubon/Vireo/ANSP
88b Bob Steele/Vireo
89b Creasource/Corbis
92bg Wolfgang Kaehler/Corbis
93hd Peter Johnson/Corbis
93b Charles O'Rear/Corbis
94hg William S Clark/Vireo
95 Doug Wechsler/Vireo
96h Eric and David Hosking/Corbis
98h Wayne Bennett/Corbis
99bd Joe McDonald/Corbis
100h Lightscapes Photography, Inc/Corbis
100bg, 106hd Michelle Pickering
102bg, 108hd Harriet, courtesy of Margaret Robinson
104b Sam Fried/Vireo
111h Staffan Widstrand/Corbis
113h Bettmann/Corbis
116h Scott T Smith/Corbis
117 Tim Laman/Vireo
119h Kennan Ward/Corbis
121b Hulton-Deutsch Collection/Corbis
122hd Ted Spiegel/Corbis
123b Frans Lanting/Corbis
124b Andy Papdatos/Vireo
125c Ronald Thompson/Frank Lane Picture Agency/Corbis
126b Rick & Nora Bowers/Vireo
127h Buddy Mays/Corbis
128b Jan Butchofsky-Houser/Corbis
129h Roger Tidman/Corbis
130b Richard Crossley/Vireo
131h Alinari Archives/Corbis
132h Hulton-Deutsch Collection/Corbis
133h Elio Ciol/Corbis
134h George Armistead/Vireo
135b Adrian Binns/Vireo
136bd Winfried Wisniewski/zefa/Corbis
139h Martin Hale/Vireo
139b Christie's Images/Corbis

140 Bettmann/Corbis
141hd P Davey/Vireo
143c Minnesota Historical Society/Corbis
144c Robert Holmes/Corbis
145bg Peter Johnson/Corbis
146bg Universal/The Kobal Collection
147hg J Schumacher/Vireo
147d Rykoff Collection/Corbis
148hd Roger Tidman/Corbis
148b Bettmann/Corbis
149hg Lothar Lenz/zefa/Corbis
150g Martin Harvey/Corbis
151b Catherine Karnow/Corbis
152b Reuters/Corbis

Toutes les autres images sont la propriété de Quarto Publishing. Bien que tous les efforts aient été faits pour identifier les contributeurs, Quarto prie de bien vouloir excuser les éventuels auteurs qui auraient été crédités à tort, ainsi que pour toute omission ou erreur, et s'engage à effectuer les corrections nécessaires dans les futures éditions.

🐧 Remerciements de l'auteur

Tout ouvrage, et particulièrement ceux basés sur des faits, requiert un travail et une attention considérables, non seulement de la part de l'auteur mais aussi de ceux qui l'ont accompagné. Merci donc à toute l'équipe de Quarto Publishing pour l'idée originale et pour la préparation et le suivi éditorial, particulièrement à Michelle Pickering, à Dr. James R. Karr pour ses avis précieux, à mon épouse Carol Burr qui dut supporter toutes ces heures passées devant mon écran d'ordinateur. J'ai utilisé les facilités de la bibliothèque de la California State University, à Chico, y passant un temps considérable en recherche d'informations. Le site Ornithology.com me permit de me connecter au monde ornithologique, m'ouvrant les portes à des informations inaccessibles ailleurs. Merci enfin à ma petite-fille Olivia qui, à son jeune âge, perçoit la nature avec un regard frais et souvent surprenant. Son enthousiasme m'a accompagné dans l'émerveillement de la nature, et tout particulièrement des oiseaux.